职业教育课程改革创新规划教材技能应用系列

钳加工技能实训

主　编：杨国勇

副主编：黄炳祥

参　编：王友凤　韦守造

主　审：雷凤琼

电子工业出版社
Publishing House of Electronics Industry
北京 · BEIJING

内 容 简 介

本书共分钳加工基本技能、钳加工综合技能两部分。其中,第一部分主要包括划线、錾削、锉削、锯削、孔加工和螺纹加工、锉配;第二部分主要包括开瓶器的制作、工具盒的制作、键的制作、金属手锤的制作、平行夹的制作、V形架的制作。依据不同内容的教学特点及难易程度,第一部分安排有学习目标、学习要求、工作任务、操作要点及演示、善后工作、学习评价、任务小结等工作任务流程;第二部分安排有学习目标、工作流程与活动、学习任务描述、学习准备、学习过程、学习拓展等工作任务流程。教学内容由浅入深,侧重技能,既可满足常规教学,也可满足学生的考证练习需要。

图书在版编目 (CIP) 数据

钳加工技能实训 / 杨国勇主编. —北京:电子工业出版社,2018.4

ISBN 978-7-121-33762-8

Ⅰ. ①钳… Ⅱ. ①杨… Ⅲ. ①钳工 Ⅳ. ①TG9

中国版本图书馆 CIP 数据核字(2018)第 036129 号

策划编辑:郑　华

责任编辑:郑　华　　特约编辑:王　纲

印　　刷:北京虎彩文化传播有限公司

装　　订:北京虎彩文化传播有限公司

出版发行:电子工业出版社

　　　　　北京市海淀区万寿路 173 信箱　　邮编:100036

开　　本:787×1 092　1/16　印张:13　字数:332 千字

版　　次:2018 年 4 月第 1 版

印　　次:2020 年 8 月第 4 次印刷

定　　价:32.80 元

凡所购买电子工业出版社图书有缺损问题,请向购买书店调换。若书店售缺,请与本社发行部联系,联系及邮购电话:(010)88254888,88258888。

质量投诉请发邮件至 zlts@phei.com.cn,盗版侵权举报请发邮件至 dbqq@phei.com.cn。

本书咨询联系方式:(010)88254988,3253685715@qq.com。

前　　言

　　《钳加工技能实训》一书是根据工学结合一体化教学模式编写而成的，分为钳加工基本技能和钳加工综合技能两部分。全书采用"任务引领"、"工作中学习，学习中工作"的方式，学生通过明确任务、制订计划、做出决定、实施计划、过程控制和评价反馈等环节完成一个完整的工作任务。在工作过程中，学生不仅可学习专业理论知识及专业技能，同时也能掌握完成任务的本领，从而提高自身综合素质。

　　在内容编排上，本书贯彻由浅入深、由易到难、循序渐进、逐步提高的原则。每个工作任务既有学习目标，又有任务要求；既有任务工件图，又有任务分析、技能要点、示范演示、操作过程指引；学业评价中既有教师评价，又有学生自评和互评；既有产品检测评分，又有学习过程评分。同时，结合每个工作任务采用引导问题、学习拓展的方式，链接相关理论知识，引导学生工作前学习相关理论知识及基本技能。书稿写作风格力求做到图文并茂，以图辅文，语言简练，表述清晰。

　　本书由杨国勇担任主编，雷凤琼担任主审。学习任务一～七、十一～十三由杨国勇编写；学习任务八中学习活动1～3及学习任务九由黄炳祥编写；学习任务八中学习活动4～6及学习任务十由王友凤编写；学习任务八中学习活动7～9、学习任务十四由韦守造编写。本书的建议总学时为440～530学时，第一部分为240～290学时，第二部分为200～240学时。

　　本书主要用于中等职业技术学校钳工、机修钳工专业的工学结合一体化教学使用，也适用于其他的非钳工专业的工学结合一体化教学使用。

　　由于编者水平有限，书中难免有不足之处，恳请广大读者批评指正。

编　者

目　　录

第一部分

钳加工基本技能

学习任务一 入门知识与安全教育

 学习活动 1 认识钳工实训场地

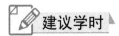 **学习目标**

（1）了解钳工基本操作技能。
（2）能识别钳工常用设备。
（3）能根据自己的身高选择工位。

建议学时

2 学时

学习要求

（1）了解钳工基本操作技能，认识钳工实训场地和常用设备，做好学习思想准备。
（2）熟悉台虎钳的结构，选择高度合适的工位。

工作任务

任务内容是了解钳工基本操作技能，参观钳工实训场地，熟悉学习环境，认识钳工常用设备，选择合适的工位并登记工位号。

1．钳工基本技能

钳工基本技能包括划线、錾削、锯削、锉削、钻孔、扩孔、铰孔、锪孔、攻螺纹和套螺纹、矫正和弯形、铆接、刮削、研磨，以及基本测量技能和简单热处理工艺等。

2．钳工常用设备

（1）钳台。

钳台用来安装台虎钳，放置工具和工件。高度为 800～900mm，装上台虎钳后，钳口高度以操作者站立时与手肘齐平为宜，长度和宽度根据工作需要而定，如图 1-1 所示。

（2）台虎钳。

台虎钳是钳工工作中用来夹持工件的夹具，有固定式和回转式两种类型。其规格以钳口宽度来表示，有 100mm、125mm、150mm、200mm 等，如图 1-2 所示。

　　台虎钳在钳台上安装时，必须使固定钳身的工作面处于钳台边缘以外，以保证夹持长条形工件时，工件的下端不受钳台边缘的阻碍。

　　（3）砂轮机。

　　砂轮机用来刃磨钻头、錾子等刀具或其他工具，由电动机、砂轮和机体组成，如图 1-3 所示。

　　（4）钻床。

　　钻床用于加工工件圆孔，常见的有台式钻床、立式钻床和摇臂钻床等，如图 1-4 所示。

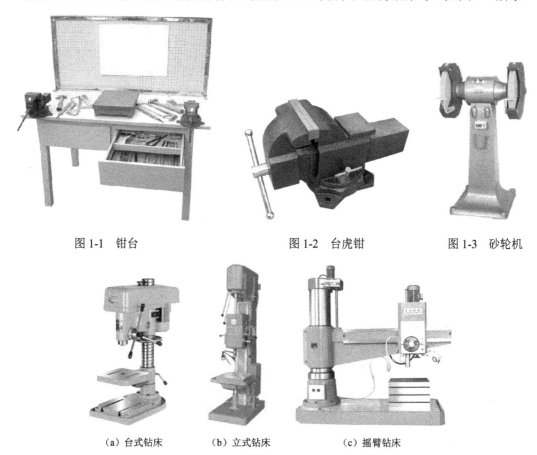

图 1-1　钳台　　　　　　　　图 1-2　台虎钳　　　　　　图 1-3　砂轮机

（a）台式钻床　　　　　（b）立式钻床　　　　　（c）摇臂钻床

图 1-4　钻床

3．工作安排

　　先根据个人身高选好工位，并做好工位号登记，然后领取个人工具，对台虎钳进行一次拆装以熟悉结构，最后对台虎钳进行清洁去污、注油等保养工作。

任务小结

　　了解钳工基本操作技能和常用设备，熟悉学习环境，做好学习准备是本工作任务的重点。

学习活动 2　钳工实训安全知识

 **学习目标**

（1）能说出实训教室的各项规章制度。

（2）能说出钳工基本技能实训的安全知识及其重要性。

建议学时

6 学时

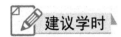 **学习要求**

（1）了解钳工基本技能实训过程中的有关安全知识及其重要性，并在今后的实训及工作过程中严格遵守。

（2）了解钳工实训教室的规章制度及 6S 管理的内容，并在今后的实训过程中严格执行。

（3）观看有关安全教育方面的音视频资料，提高安全意识。

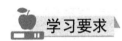 **工作任务**

任务内容是学习钳工基本技能实训的安全知识及 6S 管理的内容，观看安全教育的音视频资料。

1．钳工基本技能实训安全知识的重要性

在钳工基本技能实训过程中必须遵守安全操作规程，否则可能引发安全事故，甚至危及个人生命。因此，在实训之前必须了解钳工基本技能实训的安全知识，并在实训过程中及今后的工作过程中严格执行。

在以往的钳工基本技能实训过程中，发生过一些安全事故，如有学生在錾削过程中未握紧錾子，导致錾子脱手飞出，击中斜对面工作台另一位学生的脸部；有学生钻孔时未夹紧工件，只用手按压工件，当钻头快要钻穿工件时，因操作进给手柄用力过大，致使钻头快速钻穿工件并带动工件旋转，打伤了这位学生的左手。

上述事故主要是学生在实训过程中未遵守安全操作规程引起的。因此，在今后的实训及工作过程中要严格遵守操作规程及安全要求，避免类似事故的发生。

2．钳工实训安全知识

（1）安全文明生产一般要求。

① 工作前按要求穿戴好防护用品。

② 不准擅自使用不熟悉的机床、工具和量具。

③ 右手取用的工具放在右边，左手取用的工具放在左边，严禁乱堆乱放。

④ 毛坯、半成品应按规定堆放整齐，并随时清除油污、异物等。

⑤ 清除切屑要用刷子，不要直接用手清除或用嘴吹。

⑥ 使用电动工具时，要有绝缘防护和安全接地措施。

（2）工量具摆放要求。

① 工量具要按顺序摆放，排列整齐，不能伸出钳台边缘。

② 工量具和工件不能混放在一起。

③ 量具使用完毕后应擦干净，并在其表面涂油防锈。

④ 工量具放入工具箱也要摆放整齐，不应任意堆放，以防损坏和取用不便。

（3）使用台虎钳的注意事项。

① 夹持工件要松紧适当，不得借助其他工具加力。

② 强力作业时应使力朝向固定钳身。

③ 不许在活动钳身和光滑面上敲击作业。

④ 对丝杠、螺母等活动表面应经常清洁、润滑，以防生锈。

（4）使用钻床的安全知识。

① 操作钻床时不能戴手套，袖口要扎紧；女生必须戴工作帽。

② 工件要装夹好，快要钻穿工件时要减少进给力。

③ 开动钻床前不要忘记取下钻夹头钥匙或斜铁。

④ 清除切屑时不可用手和棉纱头或用嘴吹，必须用毛刷清除；长条切屑要用钩子钩断后除去；手动操作时应断续提起钻头断屑，便于切屑排出。

⑤ 操作者的头部不准与旋转的主轴靠太近，不能用手抓住主轴刹车，应让主轴自然停止转动，也不能反转制动。

⑥ 严禁在开车状态下装拆、检查工件和变换主轴转速，必须在停车状态下进行。

⑦ 清洁钻床或加注润滑油时，必须切断电源。

（5）使用砂轮机的安全知识。

① 砂轮机的旋转方向必须正确，只能使磨屑向下飞离砂轮。

② 砂轮机启动后，应待砂轮旋转平稳后再进行磨削。若砂轮跳动明显，应及时停机修整。

③ 砂轮机托架和砂轮之间的距离应保持在 3mm 以内，以防工件扎入造成事故。

④ 使用砂轮机时，要戴好防护眼镜，磨削时应站在砂轮机的侧面，且用力不宜过大。

（6）钳工实训教室管理制度。

① 热爱集体，尊师守纪，友爱同学，互帮互学，听从指挥，刻苦勤学。

② 不迟到，不早退，不无故缺席，不擅自离开学习岗位，不擅自开动与自己无关的机床设备。

③ 进入实训教室必须穿好工作服、工作鞋，女生要戴好工作帽，操作机床时严禁戴手套。

④ 离开使用的机床应先停车、关灯、切断电源，电器设备损坏应由专职电工进行维修，其他人员不得擅自拆动。

⑤ 爱护实训设备及工量具，保持实训教室地面、墙面清洁，工量具摆放整齐；每天实训结束前应做好个人工具清理，打扫工作台、地面卫生，并关好门窗；损坏或丢失公物应按价赔偿。

⑥ 严禁刃磨管制刀具，一经发现则给予纪律处分。

⑦ 实训过程中要遵守有关安全操作规程和 6S 执行标准。

3．6S 管理

（1）什么是 6S 管理。

6S 管理就是整理（Seiri）、整顿（Seiton）、清扫（Seiso）、清洁（Seiketsu）、素养（Shitsuke）、安全（Security）6 个项目，因项目名称均以"S"开头而简称 6S 管理。6S 管理通过规范现场、现物，营造一目了然的工作环境，培养员工良好的工作习惯，其最终目的是提升人的品质，养成良好的工作习惯。

（2）实训教室 6S 执行标准。

① 整理。

含义：将实训场地内的物品区分为"要"与"不要"两种，并且把"不要"的物品立刻清除掉。

规范：把实训场地内"不要"的物品及时清理掉，把实训场地内"要"的物品放在容易取用的地方。

要求：非实训物品不准带入实训场地，每日进行检查记分。

② 整顿。

含义：将整理后留在实训场地内的必要物品分门别类地放置，排列整齐，提高工作效率。

规范：按"定品、定位、定量"原则放置物品，并做标记；执行定置管理，放置物品不超出所规定范围。

要求：设备、工量具摆放整齐，一目了然；私人物品放入柜内，不能与实训物品混放。

③ 清扫。

含义：把实训场地内看得见和看不见的地方清扫干净，使设备维持在最佳清洁状态。

规范：设备仪器清洁，工作台面整洁；设备保养完好，无安全隐患。

要求：认真清扫责任区，保持设备干净整洁。

④ 清洁。

含义：通过持续的"整理、整顿、清扫"，保持实训场地整齐和洁净，并形成制度和习惯。

规范：实训前 5 分钟和后 5 分钟做清洁工作，并养成习惯；实训场地和设备始终保持整齐和洁净。

要求：形成规范制度，责任明确，及时检查总结。

⑤ 素养。

含义：按规定行事，养成良好的工作习惯；培养职业意识，提升文明素质。

规范：养成规范操作、认真做事的良好习惯，培养文明礼貌、团结协作的团队素质。

要求：遵守实训纪律，着装仪容符合规定，爱护公物，使用文明用语。

⑥ 安全。

含义：重视全员安全教育，树立"安全第一"的观念，防患于未然。

规范：遵守相关规范，养成遵守纪律的良好习惯，把安全放在第一位。

要求：加强安全教育，培训安全技能，建立安全巡查制度。

4．观看安全教育音视频资料

组织学生观看工作中因违反安全操作规程而造成安全事故的音视频资料。

任务小结

　　通过学习钳工基本技能实训的安全知识及观看安全教育的音视频资料，了解安全知识的重要性，提高安全意识，树立"安全第一"的观念，并在实训过程中遵守有关安全要求，杜绝事故发生。学习 6S 管理知识，并在实训过程中严格执行，目的是提高素养，为今后走上工作岗位、适应企业的要求打下基础。

学习任务二 划线

学习活动 1　平面划线

学习目标

会使用划线工具进行平面划线。

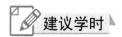建议学时

24 学时

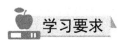学习要求

（1）掌握划线工具的使用方法。
（2）掌握平面划线的方法。
（3）严格遵守划线的安全操作要求。

工作任务

任务内容是用划线工具在薄钢板上划线。

1．工件图

工件图如图 2-1 所示。

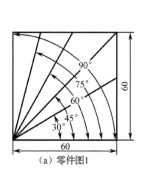

（a）零件图1

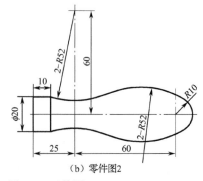

（b）零件图2

图 2-1　工件图

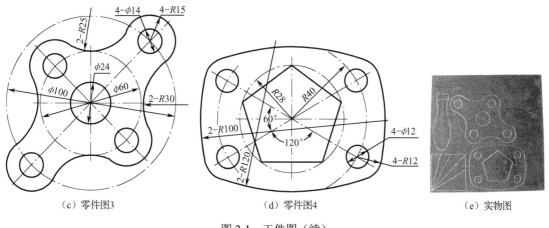

（c）零件图3　　　　　　　（d）零件图4　　　　　　　（e）实物图

图 2-1　工件图（续）

2．工作前的准备

（1）准备钢直尺、划针、划规、样冲、手锤、90°角尺和涂料（蓝粉）。

（2）准备 Q235 钢板，规格为 200mm×200mm×1mm。

3．任务分析

（1）先用绘图工具在纸上按 1∶1 的比例进行绘图练习，经检查合格后方可在薄钢板上划线。

（2）图形在薄钢板上的分布要合理，要达到最省料，因此要考虑好各图分布后再划线。

（3）在薄钢板上划线，不能借助量角器划角度线，要使用划规划线。

（4）线条要清晰且无重线，圆弧连接处要圆滑，尺寸要准确，划线精度为 0.2～0.5mm。冲眼分布要合理、准确，不允许冲眼穿透薄钢板或薄钢板背面凸起变形，冲眼精度为 0.3mm。

4．实训步骤

（1）纸上绘图练习。

（2）准备好所用的划线工具，并对薄钢板表面清理后进行涂色。

（3）合理安排各图的位置，找出各图中的设计基准，以设计基准作为划线基准，划线时从划线基准开始。

（4）按图纸尺寸，依次完成各图的划线（图中不标注尺寸，作图线可保留）。

（5）检查各图无错误后，打上冲眼。

5．安全注意事项

（1）划针不用时，弯头部分应朝上，并要套上塑料管，不能插在衣袋中。

（2）划线盘不用时，应使划针处于直立状态。

纸上绘图练习

✏️ 操作要点及演示

（1）钢直尺的使用如图 2-2 所示。

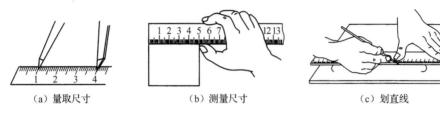

（a）量取尺寸　　　　　（b）测量尺寸　　　　　（c）划直线

图 2-2　钢直尺的使用

（2）划针的使用如图 2-3 所示。划线时，针尖要紧靠导向工具的边缘，上部向外侧倾斜 15°～20°，向划线方向倾斜 45°～75°。划线要一次划成，使划出的线条清晰、准确。

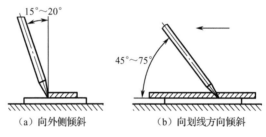

（a）向外侧倾斜　　　　　（b）向划线方向倾斜

图 2-3　划针的使用

（3）划规的使用如图 2-4 所示。划规两脚的长度要磨得稍有不等，作为旋转中心的划规脚应加以较大的压力，防止中心滑动；另一脚以较小的压力在工件表面划出圆或圆弧。

图 2-4　划规的使用

（4）90°角尺的使用如图 2-5 所示。

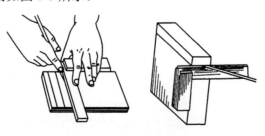

图 2-5　90°角尺的使用

（5）样冲的使用如图 2-6 所示。冲点方法：样冲外倾，使尖端对准线的正中，然后立直冲点；位置要准确，冲点不可偏离线条；曲线冲点距离要小些，小于 $\phi20mm$ 的圆周线应有 4 个冲点，大于 $\phi20mm$ 的圆周线应有 8 个冲点；在长直线上的冲点距离可大些，但短直线至少要有 3 个冲点；线条转折点处必须冲点。

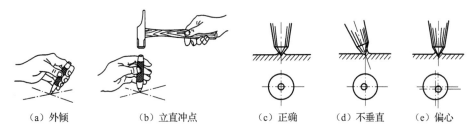

| （a）外倾 | （b）立直冲点 | （c）正确 | （d）不垂直 | （e）偏心 |

图 2-6　样冲的使用

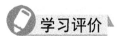 **制作**

学生在规定时间内完成作业。

善后工作

学生按照 6S 要求整理实训设备及场地，填写日志，值日生做好值日工作。

学习评价

完成练习后，根据给出的标准进行自评和教师评分工作，填写表 2-1。

表 2-1　评分记录表

考核内容	配　分	评分标准	自评得分	教师评分
涂色薄而均匀	4	总体评定		
图形及其排列位置正确	12	图每错一处扣 3 分		
线条清晰且无重线	10	不清楚或重线每处扣 1 分		
尺寸公差 0.2～0.5mm	26	每超差一处扣 1 分		
各圆弧连接圆滑	12	每一处连接不好扣 1 分		
冲眼位置准确，公差 0.3mm	16	每冲偏一处扣 1 分		
冲眼分布合理	10	分布不合理一处扣 1 分		
正确使用工具	10	发现一次不正确扣 1 分		
安全文明生产		违者每次扣 2 分		
合计				

任务小结

在薄钢板上划线前要按照省料的原则考虑各图排布，以每个图的实际尺寸大小确定划线范围，再进行划线。熟悉划线工具并正确使用。划线过程中准确量取尺寸，是提高划线精度的有效办法。实训任务的重点是掌握平面划线的方法。

 # 学习活动 2　立体划线

会使用划线工具进行立体划线。

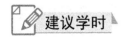

12 学时

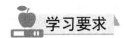

（1）掌握划线工具的使用方法。
（2）掌握立体划线的方法。

工作任务

任务内容是根据工件图尺寸要求，用划线工具在毛坯件上划线。

1. 工件图

工件图如图 2-7 所示。

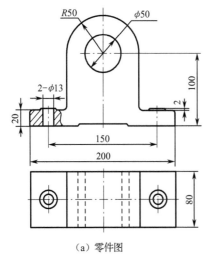
（a）零件图

（b）工件实物图

图 2-7　工件图

2. 工作前的准备

（1）准备钢直尺、划针、划规、样冲、手锤、90°角尺、千斤顶、高度游标卡尺、铸铁平板、中心塞块和涂料（蓝粉）。

（2）准备 HT200 铸铁毛坯工件，规格为 204mm×84mm×154mm。

3．任务分析

（1）工件用千斤顶支承后置于平板上再划线。为防止工件倾倒，可在支承处打样冲眼，将工件稳固地放在支承上。

（2）毛坯孔中要装入中心塞块（木块）后再划线。

（3）划线过程中，应根据工件毛坯划线部位及不划线部位找正后再划线。

（4）线条要清晰且无重线，圆弧连接处应圆滑，尺寸要准确，划线精度为 0.2～0.5mm，冲眼分布要合理、准确。

4．实训步骤

（1）准备划线工具，读图并分析工件形体结构、划线部位及加工要求。

（2）清理工件，去除铸件上浇铸的冒口、表面粘砂和披锋。

（3）工件涂色，并在工件孔中装入中心塞块（木块）。

（4）第一划线位置：以工件底面为安放基准，用三个千斤顶支承置于平板上，以工件内孔中心平面Ⅰ-Ⅰ为第一划线基准划底面加工线，如图 2-8（a）所示。划线前以 R50mm 外轮廓作为找正中心的依据，如果内孔与外轮廓偏心过多，就要适当地借料。

（5）第二划线位置：如图 2-8（b）所示，将工件侧翻 90°并用千斤顶支承，调整千斤顶使工件内孔两端中心处于同一位置，同时用 90°角尺按已划出的底面加工线找正，使其与平板平面垂直。以工件内孔中心线Ⅱ-Ⅱ为第二基准线，划出两螺钉孔中心线。

（6）第三划线位置：如图 2-8（c）所示，将工件翻转到图示位置，用千斤顶支承，调整千斤顶并用 90°角尺找正，使已划出的工件底面线和Ⅱ-Ⅱ基准线分别与平板平面垂直。以两个螺钉孔的初定中心为依据，试划两个大端面加工线。若两端面加工余量相差较多，可通过调整螺钉孔中心来借料。调整满意后即可划出Ⅲ-Ⅲ基准线和两个大端面加工线。

（7）最后，划出各孔圆弧线后对照图样进行检查，确认无误、无漏洞后，在所划线条上打样冲眼。

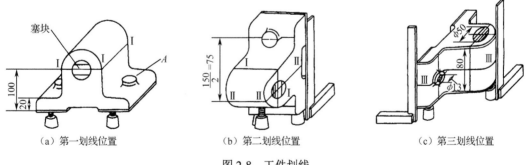

（a）第一划线位置　　　　（b）第二划线位置　　　　（c）第三划线位置

图 2-8　工件划线

5．安全注意事项

（1）调整千斤顶高低时，不可用手直接调整，以防工件掉下砸伤手。

（2）为防止工件倾倒，工件应平稳地放在千斤顶上。

✎ 操作要点及演示

（1）高度游标卡尺的使用如图 2-9 所示。它既能划线又能测量，取好尺寸并用固定螺钉紧固后可直接进行划线。

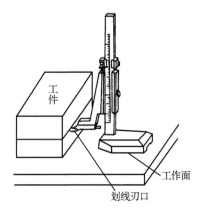

图 2-9　高度游标卡尺的使用

（2）划线平板的使用如图 2-10 所示。其工作表面是划线和检测的基准，工作表面要处于水平状态，不能有划伤；划线平板应保持清洁，使用后应擦干净并上油防锈。

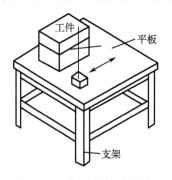

图 2-10　划线平板的使用

（3）划线盘的使用如图 2-11 所示。划针伸出要短，并处于水平位置；手握底座划线，要牢固压紧；划针与工件表面沿划线方向成 40°～60°；划长线应采用分段连接划线法。

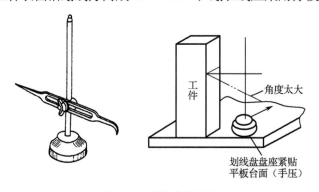

图 2-11　划线盘的使用

（4）千斤顶的使用如图 2-12 所示。

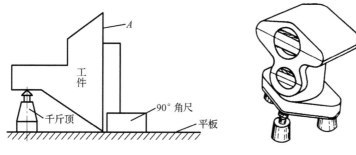

图 2-12 千斤顶的使用

 制作

学生在规定时间内完成作业。

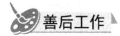 **善后工作**

学生按照 6S 要求整理实训设备及场地，填写日志，值日生做好值日工作。

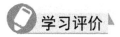 **学习评价**

完成练习后，根据给出的标准进行自评和教师评分工作，填写表 2-2。

表 2-2 评分记录表

考核内容	配 分	评分标准	自评得分	教师评分
涂色薄而均匀	4	总体评定		
线条清晰且无重线	16	不清楚或重线每处扣 1 分		
尺寸公差 0.2～0.5mm	40	每超差一处扣 1 分		
冲眼位置准确，公差 0.3mm	16	每冲偏一处扣 1 分		
冲眼分布合理	14	分布不合理一处扣 1 分		
正确使用工具	10	发现一次不正确扣 1 分		
安全文明生产		违者每次扣 2 分		
合计				

任务小结

立体划线中，凡是毛坯件上有孔要划线的，应根据毛坯情况通过找正试划或采用借料方法，才能确定孔的具体划线位置。第二、第三划线位置基准转换时，要使已划好的基准线与划线平板相垂直后才能进行划线。划线时的尺寸及冲眼要准确。实训任务的重点是掌握立体划线的方法。

学习任务三　錾削

 ## 学习活动 1　錾削动作和姿势练习

 ### 学习目标

掌握正确的錾削动作和姿势，錾削时锤击准确。

 ### 建议学时

6 学时

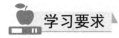 ### 学习要求

（1）掌握錾子和手锤的正确握法及挥锤方法。

（2）掌握正确的錾削动作、姿势及锤击要领。

（3）严格遵守錾削的安全操作要求。

工作任务

任务内容是錾削动作和姿势练习。

1．工作前的准备

（1）准备呆錾子、无刃口錾子、锤子、木垫和长方铁。

（2）准备台虎钳和砂轮机。

（3）准备 Q235 钢工件，规格不作要求，可采用废料进行练习。

2．任务分析

（1）本工作任务是锤击练习，主要练习錾削的站立姿势和手锤的握法、挥锤方法。

（2）首先用呆錾子做锤击练习（图 3-1），然后做模拟錾削姿势练习（图 3-2），分别进行腕挥、肘挥、臂挥练习。

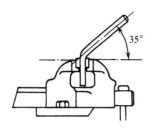

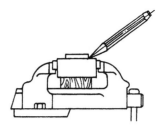

图 3-1　呆錾子锤击练习　　　　　　　图 3-2　模拟錾削姿势练习

3．实训步骤

（1）将工件装夹在台虎钳上。

（2）两脚按规定位置站立，左手握錾子，右手握手锤。

（3）分别进行腕挥、肘挥、臂挥锤击练习。

4．安全注意事项

（1）工作台上须装防护网，以防发生伤人事故。

（2）錾子头部出现毛刺时，应及时磨去，以防伤手。

（3）錾子、锤子放置时不得露出钳台，以免掉下伤脚。

（4）錾子、锤子不得与量具放置一处，以免损坏量具。

（5）锤子木柄有松动或损坏时要及时更换，以防锤头飞出。

（6）不可戴手套或用棉纱等物裹住錾子刃磨，以免引发事故。

✏️ **操作要点及演示**

（1）锤子的握法如图 3-3 所示，分紧握法和松握法。紧握法是右手五指紧握锤柄，大拇指合在食指上，虎口对准锤头方向，柄尾端露出 15～30mm，在挥锤和锤击过程中五指始终紧握。松握法是只用大拇指和食指始终握紧锤柄，在挥锤时小指、无名指和中指则依次放松，在锤击时又以相反的次序收拢握紧。

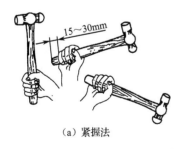

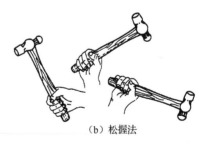

（a）紧握法　　　　　　　　　　　　　　（b）松握法

图 3-3　锤子的握法

（2）錾子的握法如图 3-4 所示，分正握法和反握法。正握法是用中指和无名指握住錾子，小指自然合拢，食指和大拇指自然伸直接触，錾子头部伸出约 20mm。反握法是手心向上，手指自然捏住錾子，手掌悬空。

（3）挥锤方法如图 3-5 所示，分腕挥、肘挥和臂挥。腕挥是紧握法握锤，挥动手腕进行锤击运动，锤击力较小；肘挥是松握法握锤，手腕与肘部一起挥动进行锤击运动，锤击力较大；臂挥是紧握法握锤，手腕、肘和全臂一起挥动进行锤击运动，其锤击力最大。

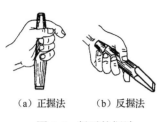

（a）正握法　（b）反握法

图 3-4　錾子的握法

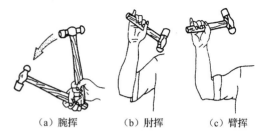

（a）腕挥　（b）肘挥　（c）臂挥

图 3-5　挥锤方法

（4）錾削时站立的姿势如图 3-6 所示。操作时左脚向前半步，两腿自然站立，人体重心稍微偏于后脚，视线要落在工件的切削部位。

（5）錾削操作如图 3-7 所示。挥锤时肘收臂提，举锤过肩，手腕后弓，三指微松，锤面朝天，稍停瞬间。锤击时目视錾刃，臂肘齐下，收紧三指，手腕加劲，锤錾一线，锤走弧形，敲下加速，增大动能，左脚用力，右腿伸直。要求稳（每分钟 40 次左右）、准（命中率高）、狠（锤击有力）。

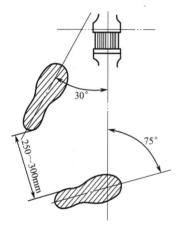

图 3-6　錾削时站立的姿势

图 3-7　錾削操作

制作

学生在规定时间内完成作业。

善后工作

学生按照 6S 要求整理实训设备及场地，填写日志，值日生做好值日工作。

学习评价

完成练习后，根据给出的标准进行自评和教师评分工作，填写表 3-1。

表 3-1　评分记录表

考核内容	配分	评分标准	自评得分	教师评分
鏨子、手锤握法正确	8	酌情扣分		
站立位置、身体姿势正确	8	酌情扣分		
腕挥姿势正确	20	酌情扣分		
肘挥姿势正确	20	酌情扣分		
臂挥姿势正确	20	酌情扣分		
命中率≥90%	24	命中率≤70%全扣		
安全文明生产		违者每次扣5分		
合计				

任务小结

　　做锤击练习时要握紧手锤及鏨子，避免工具脱手伤人。视线要对着工件的鏨削部位，不可对着鏨子的锤击头部。锤击的准确性，主要靠控制好手的运动轨迹及其位置来保证，要反复多练才能掌握。工作任务重点是腕挥、肘挥、臂挥锤击练习，要达到稳、准、狠的要求。

学习活动 2　钢件的鏨削加工

学习目标

　　（1）会根据工件材料硬度刃磨鏨子楔角。
　　（2）能熟练完成正面起鏨及斜角起鏨。
　　（3）能完成平面鏨削并控制尺寸精度。

建议学时

18 学时

学习要求

　　（1）掌握平面鏨削及刃磨鏨子的方法。
　　（2）掌握游标卡尺的正确测量方法。
　　（3）做到安全操作。

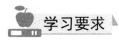
工作任务

　　任务内容是钢件的鏨削加工。

1．工件图

工件图如图 3-8 所示。

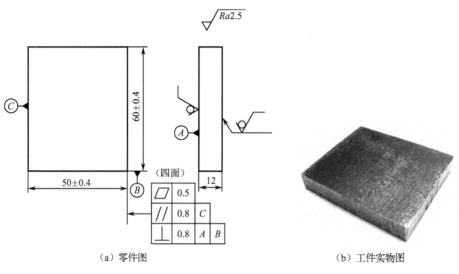

（a）零件图   （b）工件实物图

图 3-8　工件图

2．工作前的准备

（1）准备扁錾、尖錾、锤子、木垫块、软钳口、刀口形直角尺、钢直尺、宽座直角尺、游标卡尺、高度游标卡尺、铸铁平板和 V 形架。

（2）准备台虎钳和砂轮机。

（3）准备 Q235 钢工件，规格为 62mm×52mm×12mm。

3．任务分析

（1）本任务内容是狭平面錾削，扁錾刃口应比工件略宽些，根据工件材料硬度，錾子楔角取 50°～60°。

（2）錾削第一面时可不划线，选择毛坯件四面中较平直的一个面为第一个加工面。

（3）为了保证工件的平面度和垂直度，要使用角度尺检测。为了保证工件的平行度和尺寸精度，要使用游标卡尺检测。

（4）錾削面不允许修锉加工。

4．实训步骤

（1）毛坯件加工面中较平直的面为第一个錾削面，保证錾削面平面度即可。

（2）以第一面为基准，用高度尺划出第二面 50mm 尺寸线，然后錾削第二面，保证尺寸 50±0.4mm 和錾削面的平面度。

（3）以第一面为基准，用 90°角尺划出第三面加工线，要求垂直于第一、二面，然后按线錾削第三面，保证錾削面的平面度和垂直度。

（4）以第三面为基准，用高度尺划出第四面 60mm 尺寸线，然后錾削第四面，保证尺寸 60±0.4mm 和錾削面的平面度、垂直度。

（5）最后检测修整。

5．安全注意事项

（1）工件必须夹紧，以伸出钳口高度 10～15mm 为宜，同时下面要加木垫。

（2）錾削时要防止切屑飞出伤人，操作者须戴上防护眼镜。

（3）錾削时要抓紧錾子，以防錾子脱手伤人。

（4）錾子用钝后要及时刃磨，并保持正确的楔角，以防錾子从錾削部位滑出。

（5）錾屑要用刷子刷掉，不得用手擦或用嘴吹。

（6）錾子头部、锤子头部和柄部均不应沾油，以防打滑。

 操作要点及演示

1. 起錾方法

（1）斜角起錾如图 3-9 所示，即先在工件的边缘尖角处錾出一个斜面，然后按正常的錾削角逐步向中间錾削。

（2）正面起錾如图 3-10 所示。在錾削时，全部刃口贴住工件錾削部位端面，錾出一个斜面，然后按正常角度錾削。

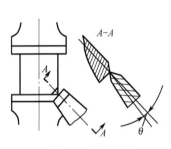

图 3-9　斜角起錾

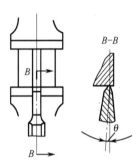

图 3-10　正面起錾

2. 錾削窄平面

起錾后，每敲击两三次，錾子退出一次，观察錾削平面的情况，调整錾子的后角，后角 $\alpha_0 = 5° \sim 8°$，如图 3-11（a）和图 3-11（b）所示。后角过大，錾子易扎入工件，如图 3-11（c）所示；后角过小，錾子在錾削时易滑出工件表面，如图 3-11（d）所示。当錾削离尽头 10～15mm 时，必须将工件调头，再錾去余下的部分，錾削脆性材料时更应如此，否则尽头会崩裂，如图 3-11（e）和图 3-11（f）所示。

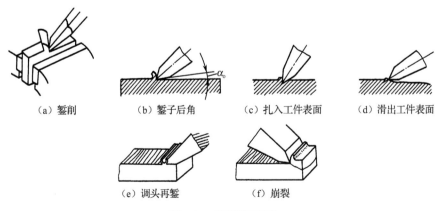

（a）錾削　　（b）錾子后角　　（c）扎入工件表面　　（d）滑出工件表面

（e）调头再錾　　（f）崩裂

图 3-11　錾削窄平面

3．錾切薄板料（厚度 2mm 左右）

在台虎钳上錾切时，将錾切的板料夹在台虎钳上，划线处与钳口上表面平齐，錾子沿着钳口并斜对着板料（约 45°）自右向左錾切，如图 3-12（a）所示。錾子刃口不可正对板料錾切，否则易造成切断处不平整或出现裂缝，如图 3-12（b）所示。在铁砧上进行錾切时，应由前向后錾削，开始时錾子应放斜似剪刀状，再放垂直后锤击，并依次錾切，如图 3-13 所示。

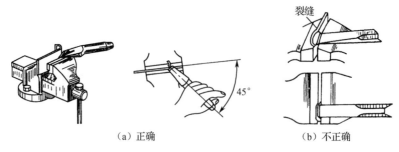

（a）正确　　　　　　　　（b）不正确

图 3-12　在台虎钳上錾切薄板料

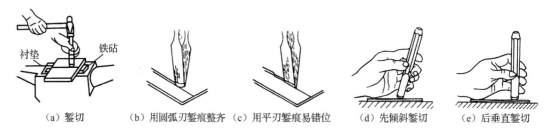

（a）錾切　　（b）用圆弧刃錾痕整齐　（c）用平刃錾痕易错位　　（d）先倾斜錾切　　（e）后垂直錾切

图 3-13　在铁砧上錾切薄板料

4．錾切大板料

当板料较厚或较大，不能放在台虎钳上錾切时，可把板料置于铁砧或平板上进行錾切。錾切前，先按轮廓线钻出密集的排孔，然后用扁錾、尖錾逐步錾切，如图 3-14 所示。

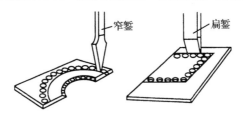

图 3-14　钻出排孔后錾切

5．錾子刃磨方法

刃磨錾子楔角时，双手握持錾子，切削刃在高于砂轮水平中心线的轮缘上，并在砂轮全宽上左右移动，控制錾子的方向、位置，以保证磨出的楔角符合要求，最后用角度样板检测錾子楔角，如图 3-15 所示。刃磨时，加在錾子上的压力不宜过大，左右移动要平稳、均匀，并且刃口要经常蘸水冷却，以防退火。

6．工件的平面度检测

（1）用直尺透光法检测平面度。将金属直尺垂直放在工件表面上，每检查一个部位后，提起来再轻轻放在另一个待验部位，沿纵向、横向、对角方向观察其透光的均匀度，如图 3-16 所示。

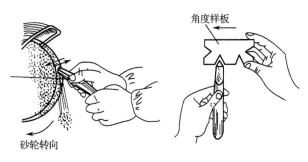

图 3-15 錾子刃磨方法

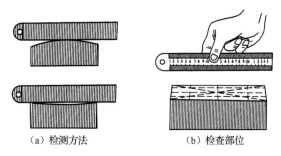

（a）检测方法　　　　　　（b）检查部位

图 3-16 用直尺透光法检测平面度

（2）如图 3-17 所示，将工件放在平板上，将塞尺尺片塞入有间隙的部位的周边和角边。如 0.05mm 的塞尺尺片能插入，而 0.06mm 的尺片不能插入，则说明此工件平面度误差在 0.05～0.06mm 范围内。

7. 工件的垂直度检测

工件的垂直度用直角尺透光法检测，如图 3-18 所示。

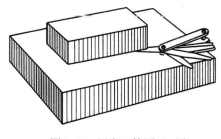

图 3-17 用塞尺检测平面度

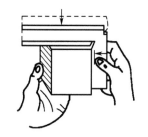

图 3-18 用直角尺检测垂直度

8. 工件的平行度和尺寸精度测量

用游标卡尺测量工件的平行度和尺寸精度。测量前，校对游标卡尺零位，擦净量爪两测量面。测量时，左手拿工件，右手握尺，固定量爪紧贴工件，轻轻移动游标，使活动量爪的测量面也紧靠工件，如图 3-19 所示。不要出现图 3-20 所示的错误。读数时，应使卡尺保持水平，选择光线明亮的地方，视线应垂直于刻线表面，避免由于斜视造成读数误差。

9. 高度游标卡尺的使用

高度游标卡尺既能划线又能测量，取好尺寸并用固定螺钉紧固后直接进行划线，其使用方法如图 3-21 所示。

10. 划线平板的使用

划线平板的工作表面是划线和检测的基准，工作表面要处于水平状态，不能有划伤；工作表面应经常清洁，使用后应擦干净并上油防锈。

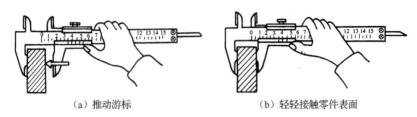

（a）推动游标　　　　　　　　　　（b）轻轻接触零件表面

图 3-19　用游标卡尺测量工件

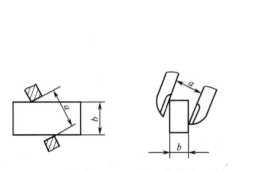

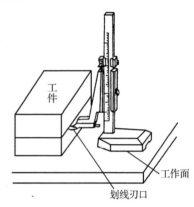

图 3-20　游标卡尺测量面与工件的错误接触　　　　图 3-21　高度游标卡尺的使用

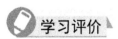 **制作**

学生在规定时间内完成加工作业。

善后工作

学生按照 6S 要求整理实训设备及场地，填写日志，值日生做好值日工作。

学习评价

完成练习后，根据给出的标准进行自评和教师评分工作，填写表 3-2。

表 3-2　评分记录表

考核内容	配　分	评分标准	自评得分	教师评分
50±0.4mm	25	超差全扣		
60±0.4mm	25	超差全扣		
▱ 0.5 （4处）	4×5	超差全扣		
⊥ 0.5 A B （4处）	4×5	超差全扣		
∥ 0.8 C （2处）	2×5	超差全扣		
安全文明生产		违者每次扣5分		
合计				

任务小结

錾削平面时的质量问题和产生原因如下。

1. 表面凹凸不平或表面粗糙。

（1）錾子刃口爆裂、卷刃或刃口不锋利。

（2）锤击力不均匀。

（3）錾子后角大小经常改变。

（4）左手未将錾子放正和握稳而使錾子刃口倾斜，錾削时錾刃梗入。

（5）刃磨錾子时，刃口磨成中凹。

（6）工件夹持不恰当，导致受錾削力作用后夹持表面损坏。

2. 崩裂或塌角

（1）錾到尽头时，未调头錾削，使工件棱角崩裂。

（2）起錾量太多造成塌角。

3. 尺寸超差

（1）起錾时，尺寸不准。

（2）錾削过程中，测量和检查不及时。

学习任务四 锉削（一）

 学习活动 1 锉削动作和姿势练习

 **学习目标**

（1）学会正确的锉削动作和姿势。
（2）能按照正确方法锉削。

建议学时

6 学时

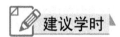 **学习要求**

（1）掌握正确的锉刀握法。
（2）掌握正确的锉削姿势、动作及锉削要领。
（3）安全操作。

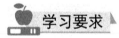 **工作任务**

任务内容是锉削动作和姿势练习。

1．工作前的准备

（1）准备扁锉、刀口形直角尺、宽座直角尺、高度游标卡尺、铸铁平板和 V 形架。

（2）准备台虎钳。

（3）准备 Q235 钢工件，规格不作要求，可采用废料进行练习。

2．任务分析

（1）本工作任务没有设定工件的外形尺寸，因此可采用废料练习。

（2）本工作任务主要是练习锉削时的站立姿势、两手握锉刀的方法及用力方法，通过练习保证锉削时两手和身体的协调性，以及保证锉刀水平直线运动。

3．实训步骤

（1）将工件装夹在台虎钳上。

（2）按锉削规范姿势站立，右手握锉刀柄，左手握锉刀前端，把锉刀放在工件表面。

（3）两手用力并和身体协调一致，保持锉刀水平移动，进行锉削练习。

4. 安全注意事项

（1）锉刀柄要装牢，不准使用刀柄有裂纹的锉刀和无刀柄的锉刀。

（2）不准用嘴吹铁屑，也不准用手清理铁屑，要用毛刷清除。

（3）锉刀放置时不得露出钳台边。

（4）锉刀不可用作撬棒或锤子。

（5）夹持工件已加工面时，应使用保护垫片，较大工件要加木垫。

 操作要点及演示

1. 锉刀柄的装拆方法

锉刀柄的装拆方法如图4-1所示。

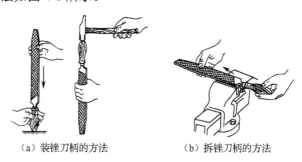

（a）装锉刀柄的方法　　　　　（b）拆锉刀柄的方法

图4-1　锉刀柄的装拆方法

2. 工件夹持

工件装夹在台虎钳上，锉削面与钳口面平行，锉削面高出钳口面15～20mm。

3. 锉刀握法

右手握法如图4-2所示，锉刀柄端顶住掌心，大拇指放在柄的上部，其余四指满握手柄。大于250mm的扁锉左手握法如图4-3所示，左手大拇指根部压在锉刀头上，中指和无名指捏住前端，食指、小指自然收拢，以协同右手使锉刀保持平衡。大型锉刀两手握法如图4-4所示。中型锉刀两手握法如图4-5所示，左手的大拇指和食指捏住锉刀前端，引导锉刀水平移动。小型锉刀两手握法如图4-6所示，左手食指、中指、无名指端部压在锉刀上施加锉削压力。

图4-2　右手握法　　　　　图4-3　大于250mm的扁锉左手握法

　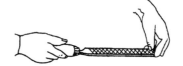

图4-4　大型锉刀两手握法　　　图4-5　中型锉刀两手握法　图4-6　小型锉刀两手握法

4. 锉削动作与姿势

两脚站立步位和姿势与錾削相似（图 4-7），左膝部呈弯曲状态，身体重心要落在左脚上，右膝伸直。锉削动作开始时，身体前倾 10° 左右，右肘尽量向后收缩［图 4-8（a）］；锉刀推进 1/3 行程时，身体前倾 15° 左右，左膝稍有弯曲［图 4-8（b）］；锉至 2/3 行程时，身体前倾至 18° 左右［图 4-8（c）］；锉至最后 1/3 行程时，右肘继续推进锉刀，但身体须自然地退回至 15° 左右［图 4-8（d）］。

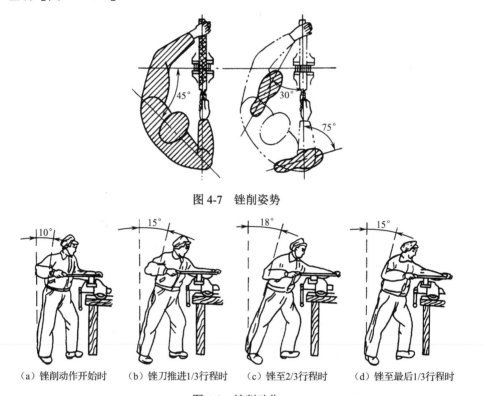

图 4-7　锉削姿势

（a）锉削动作开始时　（b）锉刀推进1/3行程时　（c）锉至2/3行程时　（d）锉至最后1/3行程时

图 4-8　锉削动作

锉削时，锉刀保持直线运动才能锉出平直的平面。因此，锉削时右手的压力要随锉刀推动而逐渐增加，左手的压力要随锉刀推动而逐渐减小，回程时不加压力，以减少锉齿的磨损（图 4-9）。锉削速度一般为每分钟 40 次左右，推锉时稍慢，回程时稍快，动作要自然协调。

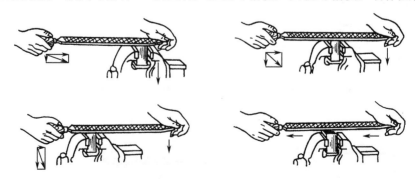

图 4-9　锉削时的用力

制作

学生在规定时间内完成作业。

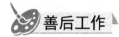

善后工作

学生按照 6S 要求整理实训设备及场地，填写日志，值日生做好值日工作。

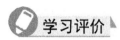

学习评价

完成练习后，根据给出的标准进行自评和教师评分工作，填写表 4-1。

表 4-1 评分记录表

考核内容	配 分	评分标准	自评得分	教师评分
两脚站立位置、姿势正确	18	酌情扣分		
两手握锉刀的方法正确	18	酌情扣分		
两手动作、姿势正确	20	酌情扣分		
两手和身体协调	22	酌情扣分		
锉刀直线运动	22	酌情扣分		
安全文明生产		违者每次扣 2 分		
合计				

任务小结

锉削是钳工的一项重要基本技能，学会正确的锉削动作和姿势是掌握锉削技能的基础。因此，若锉削动作和姿势不正确，必须及时纠正。如果不正确的姿势成为习惯，再纠正就困难了。

学习活动 2　钢件平面的锉削加工

学习目标

（1）学会锉削平面度的检测方法。
（2）能按要求锉削平面，达到相应的平面度精度。

建议学时

12 学时

学习要求

（1）正确掌握顺向锉、交叉锉、推锉和铲锉等锉削方法。

（2）正确掌握用刀口直尺及显点法检测平面度的方法。

（3）对于工件的锉削表面，采用透光法检查，应透光均匀；用显点法检查，应显点均匀，接触点应占整个平面面积的80%以上。

工作任务

任务内容是钢件平面的锉削加工。

1. 工作前的准备

（1）准备扁锉、刀口形直角尺、宽座直角尺、高度游标卡尺、游标卡尺、铸铁平板和 V 形架。

（2）准备台虎钳和砂轮机。

（3）准备 Q235 钢工件，规格不作要求，可自定尺寸。

2. 任务分析

（1）本工作任务不设定工件外形尺寸，可自定尺寸，建议采用长 50mm 左右、宽 30～50mm、厚 10～16mm 的工件练习。

（2）本工作任务主要是学习顺向锉、交叉锉、推锉和铲锉，以及平面度测量方法。因此不要求控制尺寸公差，工件 4 个锉削表面之间也无垂直度要求。

（3）根据实训情况，可练习两工件共 8 个面，记录合格面数即可。

（4）为保证加工表面光滑，在锉钢件时，必须经常用铜丝刷清除嵌入锉刀齿纹内的锉屑，并在齿面上涂上粉笔灰。

（5）采用显点法修锉，推研显点前加工表面要倒角、去毛刺。

3. 实训步骤

（1）粗锉。选用 250mm 以上粗齿纹锉刀，锉刀移动方向垂直于工件两大侧面，锉削整个平面，去除平面较大的不平及不直痕迹后即可转入细锉加工。

（2）细锉。选用 200～250mm 的中齿纹锉刀，锉刀移动方向与粗锉相同。粗锉和细锉过程中，要经常用刀口直尺通过透光法检查加工面长度方向和对角方向的直线度误差，并用直角尺通过透光法测量加工表面与两侧大平面的垂直度误差，然后根据误差情况进行修锉。如果检测时透光均匀，误差不大，即可转入精锉加工。

（3）精锉。选用 100～150mm 的细齿纹锉刀，如果加工表面的表面粗糙度要求较高，最后还要用油光锉抛光。精锉时采用顺向锉、推锉和铲锉方法，锉刀移动方向与加工表面的长度方向一致。精锉后，采用显点法检查，根据显点情况修整黑点即可。如果黑点分布均匀，占整个加工表面80%以上的面积，即可结束锉削加工。

操作要点及演示

1. 锉削方法

（1）顺向锉是最普通的锉削方法，锉刀运动方向与工件夹持方向始终一致，面积不大的平面和最后锉光大都采用这种方法。顺向锉可得到整齐一致的锉痕，比较美观，粗锉和精锉时常常采用这种方法（图4-10）。

（2）交叉锉即从两个交叉的方向对工件表面进行锉削的方法。锉刀与工件接触面积大，锉刀容易掌握平稳。交叉锉一般用于粗锉（图4-11）。

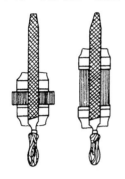

图4-10 顺向锉

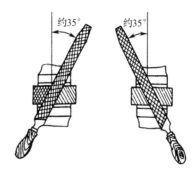

图4-11 交叉锉

（3）推锉即两手对称横握锉刀，用大拇指推动锉刀顺着工件长度方向进行锉削的方法。其锉削效率低，适于加工余量较小和修正尺寸时采用（图4-12）。

（4）铲锉即右手握锉刀，左手食指、中指、无名指端部压在锉刀上施加锉削压力，锉刀后部提起与工件表面呈3°～5°，利用锉刀前端的几个锉齿进行锉削加工，适于加工余量较小和修正尺寸时采用（图4-13）。

图4-12 推锉

图4-13 铲锉

2．平面度的测量方法

（1）刀口直尺测量法如图4-14所示。将刀口直尺置于工件加工表面上，分别在长度、宽度及对角方向上逐一测量多处，用透光法判断每次测量的直线度误差，误差的最大值即是加工表面平面度误差。

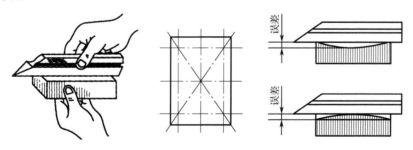

图4-14 刀口直尺测量法

（2）显点法如图4-15所示，在工件加工表面上均匀涂上显示剂（红丹粉），将工件放在标准平板上，并靠在 V 形架、方箱或其他垂直度精度较高的靠铁上，推研工件或将工件和靠铁一起推研。根据加工表面上得到的显点（黑点）数量，判断平面度误差大小。加工表面上的黑点越多且分布均匀，表明加工表面的平面度误差越小，精度越高；反之，精度越低。

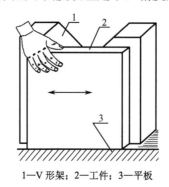

1—V 形架；2—工件；3—平板

图 4-15 显点法

3. 清除锉齿内切屑的方法

锉削钢件时，切屑容易嵌入锉刀齿纹内而拉伤加工表面，使表面粗糙度值增大，因此必须经常用钢丝刷或薄铁片剔除切屑（图 4-16）。

图 4-16 清除锉齿内的切屑

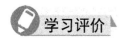 **制作**

学生在规定时间内完成加工作业。

善后工作

学生按照 6S 要求整理实训设备及场地，填写日志，值日生做好值日工作。

学习评价

完成练习后，根据给出的标准进行自评和教师评分工作，填写表 4-2。

表 4-2 评分记录表

考 核 内 容	评 定 方 法	自评合格面数	师评合格面数
各加工表面的平面度 0.02mm，直线度 0.02mm，与两大侧面的垂直度 0.01mm	透光法检查：透光均匀；显点法检查：显点占加工表面面积的 80%以上		

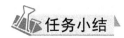**任务小结**

　　进行锉削练习时，要保持锉削动作和姿势正确，随时纠正不正确的姿势和动作。锉削一个平面时分粗锉、细锉及精锉三个过程，各个过程中锉刀大小、锉齿粗细的选择要正确，应在练习中体会并掌握。

学习活动 3　四边形工件的加工

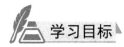**学习目标**

　　（1）会测量锉削工件的平行度、垂直度及尺寸精度。
　　（2）能按照要求锉削，达到相应的平行度、垂直度及尺寸精度。

建议学时

　　24 学时

学习要求

　　（1）掌握四边形工件的加工工艺及方法。
　　（2）掌握工件平行度、垂直度及尺寸精度的测量方法。

**工作任务**

　　任务内容是四边形工件的加工。
　　1．工件图
　　工件图如图 4-17 所示。

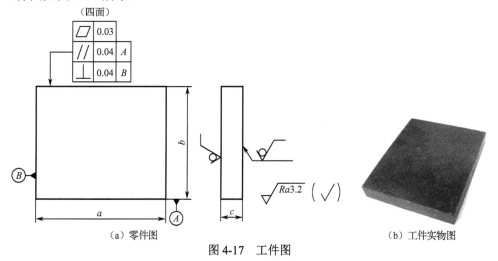

（a）零件图　　　　　　　　　　　（b）工件实物图

图 4-17　工件图

2．工作前的准备

（1）准备扁锉、刀口形直角尺、宽座直角尺、高度游标卡尺、游标卡尺、千分尺、铸铁平板和 V 形架。

（2）准备台虎钳和砂轮机。

（3）准备 Q235（或 45）钢工件，规格为 61mm×41mm×10mm、81mm×81mm×10mm 和 61mm×41mm×10mm。

3．任务分析

（1）本工作任务采用的工件共三件，工件图中未标注具体尺寸，可按照下列尺寸练习（$a×b×c$）：

$$(60±0.02)mm×(40±0.02)mm×10mm$$
$$(80±0.02)mm×(80±0.02)mm×10mm$$
$$60_{-0.02}^{0}mm×40_{-0.02}^{0}mm×10mm$$

（2）工件除了要保证尺寸精度外，还要保证平面度、平行度和垂直度公差。

（3）进行测量时，方法要正确，尽量减少测量误差。

4．实训步骤

（1）锉削第一面，即基准面。一般来说，应选毛坯件 4 个加工表面中较平整且边长较大的平面。按照锉削平面的方法进行加工。

（2）锉削第二面。一般来说，应选择第一加工面的对面作为第二加工面，锉削控制尺寸精度、平行度、平面度和直线度。当然，也可选择与第一加工面相邻垂直的表面作为第二加工面。

（3）锉削第三面。如果第三面与第一面是垂直关系，则按锉削垂直面的方法加工。垂直面的加工工艺：以第一面为基准，依次控制垂直度、直线度和平面度。如果第三面与第一面是平行关系，则按锉削控制尺寸精度的工艺加工。

（4）锉削第四面，按照锉削控制尺寸精度、平行度、平面度和直线度的工艺加工即可。

（5）最后检测修整。

✎ 操作要点及演示

1．千分尺的使用

测量前，应先擦净砧座和测微螺杆端面，校正千分尺零位［图 4-18（a）］。25～50mm、50～75mm、75～100mm 的千分尺可通过标准样柱校正零位［图 4-18（b）］。应选用与零件尺寸相适应的千分尺。测量时，将工件放在钳口上，将千分尺及工件的测量表面擦干净，然后左手握尺架，右手转动微分筒，使测杆端面和被测工件表面接近，如图 4-18（c）所示；用右手转动棘轮，使测微螺杆端面和工件被测表面接触，直到棘轮发出响声为止，读出数值，如图 4-18（d）所示。为了保证测量的准确度，千分尺的砧座及测微螺杆与工件的接触表面至少应伸出工件表面 1/3，并应多测几个部位，如图 4-18（e）所示。

2．垂直度测量方法

测量垂直度的常规方法是角度尺测量法。所用角度尺有宽座直角尺、刀口直角尺和万能量角器。以刀口直角尺为例，其测量方法如图 4-19 所示。测量前，应先用锉刀将工件的锐边倒棱，即倒出 0.1～0.2mm 的棱边，如图 4-20 所示。测量时左手拿工件，右手抓住直角尺的短直角边并压紧工件基准面,然后慢慢往下移动直角尺,使直角尺的长直角边轻触工件加工表面,采用透光法判断工件垂直度误差的大小。检查时,直角尺不可斜放。

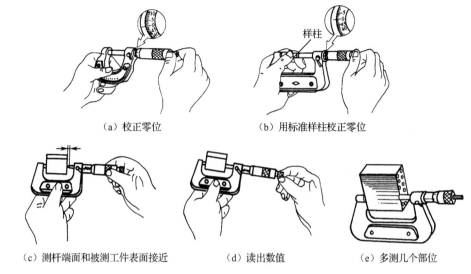

(a) 校正零位　　　　　　　　　(b) 用标准样柱校正零位

(c) 测杆端面和被测工件表面接近　　(d) 读出数值　　(e) 多测几个部位

图 4-18　千分尺的使用

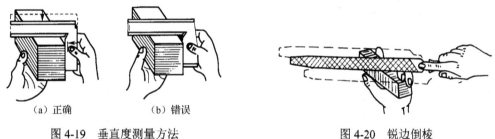

(a) 正确　　　　(b) 错误

图 4-19　垂直度测量方法

图 4-20　锐边倒棱

3．平行度测量方法

（1）游标卡尺或外径千分尺测量法。测量方法与尺寸精度测量方法相同,测量所得最大值与最小值之差即是工件平行度误差。

（2）百分表测量法。测量方法如图 4-21 所示,工件的平行度误差是百分表最大读数值与最小读数值之差。

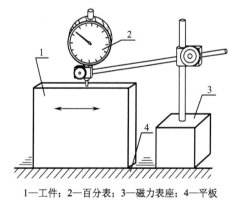

1—工件；2—百分表；3—磁力表座；4—平板

图 4-21　百分表测量法

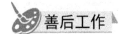

制作

学生在规定时间内完成加工作业。

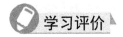

善后工作

学生按照 6S 要求整理实训设备及场地，填写日志，值日生做好值日工作。

学习评价

完成练习后，根据给出的标准进行自评和教师评分工作，填写表 4-3。

表 4-3　评分记录表

考 核 内 容	评 定 方 法	自评合格面数	师评合格面数
① (60±0.02)mm×(40±0.02)mm×10mm			
② (80±0.02)mm×(80±0.02)mm×10mm	各尺寸精度是否合格		
③ $60_{-0.02}^{0}$mm×$40_{-0.02}^{0}$mm×10mm			

任务小结

在平行度、垂直度及尺寸精度测量中，基准面的精度对测量精度的影响很大，因此基准面的锉削精度要高。在垂直度测量中，应选用正确的测量方法，尽量减少测量误差。

学习任务五　锯削

学习活动 1　锯削动作和姿势练习

学习目标

（1）学会正确的锯削动作和姿势。
（2）能正确安装锯条并进行锯削。

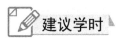

建议学时

6 学时

学习要求

（1）掌握正确的锯条安装方法、锯削站立姿势和动作要领。
（2）掌握正确的近起锯和远起锯方法。
（3）做到安全操作。

工作任务

任务内容是锯削动作和姿势练习。

1．工作前的准备

（1）准备锯弓、锯条、钢直尺、划针、高度游标卡尺、铸铁平板和 V 形架。
（2）准备台虎钳和砂轮机。
（3）准备 Q235 钢工件，规格不作要求，可采用废料进行练习。

2．任务分析

（1）本工作任务没有设定工件外形尺寸，因此可采用废料练习，练习前要先划直线，然后按直线锯削。

（2）本工作任务主要是练习锯削时的站立姿势、握锯方法和用力方法，通过练习保证锯削时两手和身体的协调性。

3．实训步骤

（1）先锉削加工工件的一个表面，作为划线基准，然后用高度游标卡尺在工件表面上划直线。

（2）按划线位置进行起锯，分别练习近起锯和远起锯。

（3）起锯熟练后进行正常锯削练习。

4．安全注意事项

（1）锯条安装要松紧适当，锯削时用力不要太猛，以防锯条崩出伤人。

（2）即将锯断时压力要小，应用手扶住工件断开部分，以防工件断开部分掉地砸脚；同时要避免工件突然断开，造成身体前冲，发生事故。

（3）锯削时切削行程不宜过短，往复长度应不小于锯条全长的 2/3。

✎ 操作要点及演示

1．工件夹持

工件夹在台虎钳左右两侧。为了方便操作，一般夹在台虎钳左侧，工件伸出钳口侧面约 20mm。

2．安装锯条

将锯条安装在锯弓两端的支柱上，应保证齿尖向前。调节紧固后的锯条，松紧要适当。太紧，锯条受力过大易折断；太松，锯条易扭曲，也易折断，并且锯缝易歪斜。锯条的安装方法参见图 5-1。

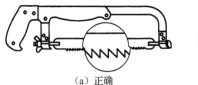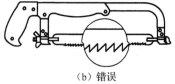

　　　　（a）正确　　　　　　　　　　　（b）错误

图 5-1　安装锯条

3．锯削动作和姿势

右手握锯柄，左手轻扶锯弓前端（图 5-2）。站立位置、动作和姿势与锉削相似（图 5-3）。锯削过程中推动和压力由右手控制，左手配合右手扶正锯弓。推出为切削行程，应施加压力；回程不切削，自然拉回，不加压力；采用小幅度的上下摆动式运动。手锯推进时，身体略前倾，压向手锯的同时左手上翘，右手下压。回程时，右手上抬，左手自然跟回。锯削运动速度为每分钟 40 次左右。

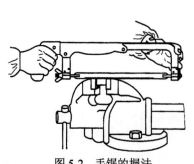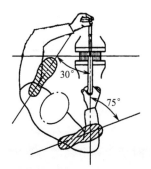

图 5-2　手锯的握法　　　　　　　　图 5-3　锯削动作和姿势

4．起锯方法

起锯方法分远起锯和近起锯两种，起锯角为 15°左右。起锯时，左手拇指靠住锯条，使锯条按照指定位置锯削，如图 5-4 所示。

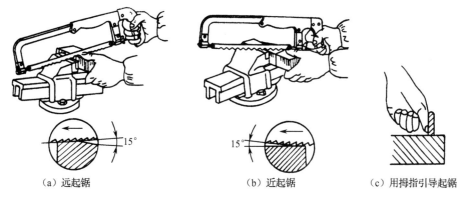

（a）远起锯　　　　　　　　　（b）近起锯　　　　　　　　（c）用拇指引导起锯

图 5-4　起锯方法

制作

学生在规定时间内完成作业。

善后工作

学生按照 6S 要求整理实训设备及场地，填写日志，值日生做好值日工作。

学习评价

完成练习后，根据给出的标准进行自评和教师评分工作，填写表 5-1。

表 5-1　评分记录表

考核内容	配　分	评分标准	自评得分	教师评分
两脚站立位置、姿势正确	18	酌情扣分		
两手握锯方式正确	18	酌情扣分		
两手动作、姿势正确	20	酌情扣分		
两手和身体协调	20	酌情扣分		
近起锯、远起锯正确	24	酌情扣分		
安全文明生产		违者每次扣 2 分		
合计				

任务小结

掌握正确的锯削动作和姿势很重要，两手及身体运动的协调性要经过一段时间的练习才能掌握，因此要刻苦多练。

学习活动 2　钢件的锯削加工

 学习目标

能正确完成起锯及深缝锯削，达到工件图纸规定的尺寸精度。

建议学时

30 学时

学习要求

（1）掌握起锯和深缝锯削方法，达到工件尺寸公差要求。
（2）了解锯条折断的原因和防止方法，以及锯缝歪斜的原因。
（3）练习结束，检测工件，并把测量结果填写在记录表中。

工作任务

工作内容是钢件的锯削加工。

1. 工件图

工件图如图 5-5 所示。

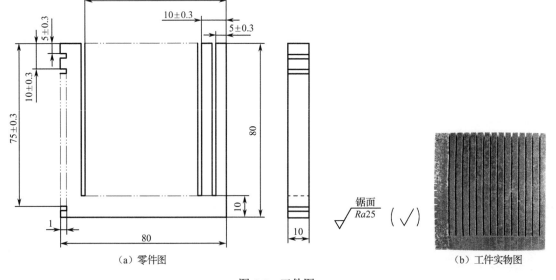

（a）零件图　　　　　　　　　　　　（b）工件实物图

图 5-5　工件图

2. 工作前的准备

（1）准备划针、样冲、锯弓、锯条、钢直尺、宽座直角尺、游标卡尺、高度游标卡尺、

铸铁平板和 V 形架。

（2）准备台虎钳和砂轮机。

（3）准备 Q235 钢工件，规格为 80mm×80mm×10mm。

3．任务分析

（1）本任务包括起锯和深缝锯削练习，起锯时的尺寸要合格，否则会影响后面的深缝锯削尺寸。

（2）锯削过程中，如发现锯缝歪斜应立即纠正，否则会影响锯削尺寸精度。

（3）锯削表面不允许修锯加工。

4．实训步骤

（1）用高度尺划第一面的锯削线，然后起锯并测量尺寸，起锯尺寸合格后再进行深缝锯削。

（2）用高度尺以第一面为划线基准划第二面的锯削线，然后起锯并测量尺寸，起锯尺寸合格后再进行深缝锯削。

（3）用角度尺以第一面为划线基准划第三面的锯削线，然后起锯并测量尺寸，起锯尺寸合格后再进行深缝锯削。

（4）用高度尺以第三面为划线基准划第四面的锯削线，然后起锯并测量尺寸，起锯尺寸合格后再进行深缝锯削。

（5）最后检测。

5．安全注意事项

（1）起锯质量影响锯削质量，起锯尺寸合格后方可正常锯削。

（2）锯削过程中，当前后锯缝不一致时，锯弓应做左右调整；当锯缝垂直方向出现歪斜时，把锯弓平面扭向锯缝歪斜方向锯下，即可慢慢纠正歪斜，但扭力不能太大，否则锯条容易折断。

（3）起锯和锯削时应保证有尺寸要求的一边的尺寸精度。

操作要点及演示

（1）棒料的锯削。锯削断面要求平整，应从开始连续锯到结束。若锯面要求不高，可分几个方向锯削，使锯削面变小而容易锯入，提高工作效率。

（2）管子的锯削（图 5-6）。薄壁管子用 V 形木垫夹持，以防管子被夹扁夹坏。锯削时，锯到管子内壁处时应向前转一个角度再锯，否则容易造成锯齿崩断。

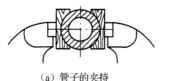

　（a）管子的夹持　　　　　（b）转位锯削　　　　　（c）不正确的锯削

图 5-6　管子的夹持和锯削

（3）薄板料的锯削（图 5-7）。将薄板料夹持在两木板之间，锯削时连同木板一起锯开；或将薄板料夹持在台虎钳上，手锯做横向斜锯削。

（4）深缝锯削（图 5-8）。当锯缝深度超过锯弓高度时，应将锯条转过 90°安装，使锯弓转到工件的旁边；当锯弓横放，其高度仍不够时，可把锯条安装成使锯齿向锯内的方向锯削。

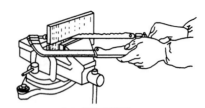

（a）木板间夹持锯削　　　　　　（b）横向斜锯削

图 5-7　薄板料的锯削

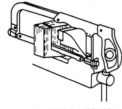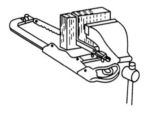

（a）锯弓与深缝平行　　　　（b）锯弓与深缝垂直　　　　（c）反向锯削

图 5-8　深缝锯削

 制作

学生在规定时间内完成加工作业。

 善后工作

学生按照 6S 要求整理实训设备及场地，填写日志，值日生做好值日工作。

 学习评价

完成练习后，根据给出的标准进行自评和教师评分工作，填写表 5-2 和表 5-3。

表 5-2　练习记录表

起 锯 练 习			深缝锯削练习		
练习项目记录（mm）	实测结果记录（mm）	合格或不合格	练习项目记录（mm）	实测结果记录（mm）	合格或不合格
5±0.3			70±0.3		
10±0.3			65±0.3		
15±0.3			60±0.3		
20±0.3			55±0.3		
25±0.3			50±0.3		
30±0.3			45±0.3		
35±0.3			40±0.3		
40±0.3			35±0.3		
45±0.3			30±0.3		
50±0.3			25±0.3		

续表

起锯练习			深缝锯削练习		
练习项目记录（mm）	实测结果记录（mm）	合格或不合格	练习项目记录（mm）	实测结果记录（mm）	合格或不合格
55±0.3			20±0.3		
60±0.3			15±0.3		
65±0.3			10±0.3		
70±0.3			5±0.3		
75±0.3					

表 5-3 评分记录表

考核内容	配 分	评分标准	自评得分	教师评分
起锯练习（15 处）	15×2	超差全扣		
深缝锯削练习（14 处）	14×5	超差全扣		
安全文明生产		违者每次扣 2 分		
合计				

任务小结

1．锯条折断的原因
（1）锯条安装得过松或过紧。
（2）工件装夹不牢固或装夹位置不正确，造成工件松动或抖动。
（3）锯缝歪斜后强行纠正。
（4）运动速度过快，压力太大，容易导致锯条被卡住。
（5）更换新锯条后，容易在原锯缝内造成夹锯。
（6）工件被锯断时没有降低锯削速度和减小锯削力，使手锯突然失去平衡而折断锯条。
（7）锯削过程中停止工作，但未将手锯取出而碰断。

2．锯缝歪斜或尺寸超差的原因
（1）装夹工件时，没有按要求放置锯缝线。
（2）锯条安装太松或相对于锯弓平面扭曲。
（3）锯削时用力不正确，使锯条左右偏摆。
（4）使用磨损不均的锯条。
（5）起锯时起锯位置控制不正确或锯缝歪斜。
（6）锯削过程中没有观察锯条是否与加工线重合。

3．锯齿崩裂的原因
（1）起锯角度太大或起锯时用力过大。
（2）锯削时突然加大压力，锯齿被工件棱边钩住而崩裂。
（3）锯削薄板料和薄壁管子时锯条选择不当。

学习任务六　锉削（二）

学习活动 1　⊥形件的加工

学习目标

（1）掌握典型⊥形件的加工工艺、对称度间接测量值计算方法及测量方法。

（2）能按照图纸要求加工⊥形件。

建议学时

6 学时

学习要求

（1）掌握⊥形件的加工工艺及方法。

（2）掌握⊥形件对称度间接测量值计算方法。

（3）掌握⊥形件对称度测量方法。

工作任务

1．工件图

工件图如图 6-1 所示。

2．工作前的准备

（1）准备扁锉、刀口形直角尺、百分表、磁力表座、高度游标卡尺、游标卡尺、千分尺、铸铁平板和 V 形架。

（2）准备台虎钳和砂轮机。

（3）准备 Q235（或 45）钢工件，规格为 61mm×41mm×10mm。

3．任务分析

（1）按图 6-1 加工好工件外形，然后划线。如果采用外径千分尺测量尺寸精度，则加工时不能同时锯去图 6-2 中 1、2、3、4 面余量后再锉削加工 1、2、3、4 面，否则无基准面测量 M 值，不易于保证对称度公差。

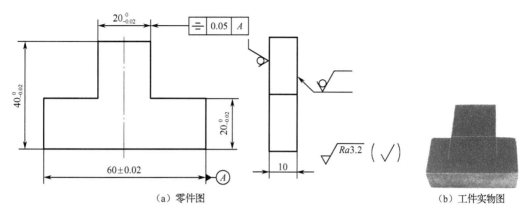

（a）零件图　　　　　　　（b）工件实物图

图 6-1　工件图

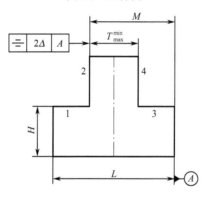

图 6-2　测量示意图

（2）⊥形件是典型的有对称度要求的工件，在综合锉配件中出现较多。因此，要掌握⊥形件对称度间接测量值计算方法及正确的加工工艺。

4．实训步骤

（1）按图 6-1 所示尺寸加工工件外形。

（2）划线。

（3）锯去 1、2 面余量，如图 6-2 所示。先锉削 1 面至尺寸合格，然后锉削 2 面。为了保证对称度公差，要间接测量 M 值。

（4）锯去 3、4 面余量，并锉削 3、4 面，保证其尺寸精度。

（5）检查。

操作要点及演示

1．对称度间接测量值计算方法

如图 6-2 所示，对称度间接测量值计算公式如下：

$$M_{min}^{max} = \frac{L_{实际尺寸} + T_{max}^{min}}{2} \pm \Delta$$

式中：M——对称度间接测量值，mm；

　　　L——工件两基准间的尺寸，mm；

　　　T——凸台或被测面间的尺寸，mm；

Δ——对称度误差最大允许值，mm。

2．对称度测量方法

如图 6-3 所示，测量被测表面与基准表面之间的尺寸 A 和 B，两者差值的一半 $\left|\dfrac{A-B}{2}\right|$ 即为对称度误差值。

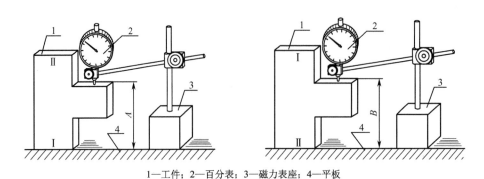

1—工件；2—百分表；3—磁力表座；4—平板

图 6-3　对称度测量方法

制作

学生在规定时间内完成加工作业。

善后工作

学生按照 6S 要求整理实训设备及场地，填写日志，值日生做好值日工作。

学习评价

完成练习后，根据给出的标准进行自评和教师评分工作，填写表 6-1。

表 6-1　评分记录表

考核内容	配　分	评分标准	自评得分	教师评分
$40_{-0.02}^{0}$ mm	15	超差全扣		
$20_{-0.02}^{0}$ mm（3 处）	3×15	超差全扣		
60±0.02mm	15	超差全扣		
〔= 0.05 A〕	17	超差全扣		
表面粗糙度 Ra3.2μm（8 处）	8×1	降低一级全扣		
安全文明生产		违者每次扣 2 分		
合计				

⊥形件是钳工工件中一个较典型的有对称度要求的工件，可采用不同的方法测量对称度，测量方法不同则加工工艺不同。

学习活动2 燕尾件的加工

学习目标

（1）掌握典型燕尾件的加工工艺、对称度间接测量值计算方法及测量方法。
（2）能按照图纸要求加工燕尾件。

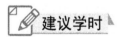

建议学时

6学时

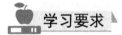

学习要求

（1）掌握燕尾件的加工工艺及方法。
（2）掌握燕尾件对称度间接测量值计算方法。
（3）掌握燕尾件对称度测量方法。

工作任务

1．工件图
工件图如图6-4所示。

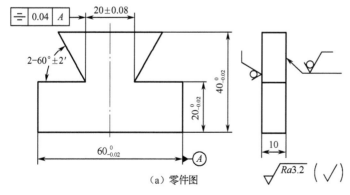
（a）零件图

（b）工件实物图

图6-4 工件图

2．工作前的准备

（1）准备锉刀、刀口形直角尺、百分表、磁力表座、高度游标卡尺、游标卡尺、千分尺、铸铁平板和 V 形架。

（2）准备台虎钳和砂轮机。

（3）准备 Q235（或 45）钢工件，规格为 61mm×41mm×10mm。

3．任务分析

（1）按图 6-4 加工好工件外形，然后划线。如果采用外径千分尺测量尺寸精度，则加工时不能同时锯去图 6-5 中 1、2、3、4 面余量后再锉削加工 1、2、3、4 面，否则无基准面测量 M 值，不易于保证对称度公差。

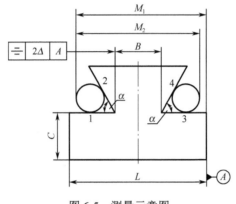

图 6-5　测量示意图

（2）燕尾件是典型的有对称度要求的工件，在综合锉配件中出现较多。因此，要掌握燕尾件对称度间接测量值计算方法及正确的加工工艺。

4．实训步骤

（1）加工工件外形。

（2）划线。

（3）锯去 1、2 面余量，如图 6-5 所示。先锉削 1 面，控制 C 尺寸精度，然后锉削 2 面。锉削 2 面的工艺：先控制 M_1 尺寸精度，再控制 α 角精度，最后控制直线度和平面度。

（4）锯去 3、4 面余量，先锉削 3 面，控制 C 尺寸精度，然后锉削 4 面。锉削 4 面的工艺：先控制 M_2 尺寸精度，再保证 α 角精度，最后控制直线度和平面度。

（5）检查。

　操作要点及演示

对称度测量方法有以下两种。

（1）百分表测量法分两种，如图 6-6 和图 6-7 所示。对称度误差等于两次测量百分表读数差值的一半。

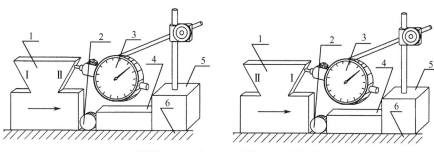

1—工件；2—圆柱棒；3—百分表；4—垫块；5—磁力表座；6—平板

图 6-6　百分表测量法 1

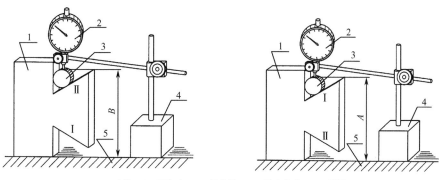

1—工件；2—百分表；3—圆柱棒；4—磁力表座；5—平板

图 6-7　百分表测量法 2

（2）正弦规和杠杆表测量法如图 6-8 所示。对称度误差等于两次测量杠杆表读数差值的一半。

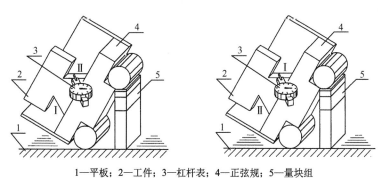

1—平板；2—工件；3—杠杆表；4—正弦规；5—量块组

图 6-8　正弦规和杠杆表测量法

制作

学生在规定时间内完成加工作业。

善后工作

学生按照 6S 要求整理实训设备及场地，填写日志，值日生做好值日工作。

学习评价

完成练习后，根据给出的标准进行自评和教师评分工作，填写表 6-2。

表 6-2　评分记录表

考核内容	配　分	评分标准	自评得分	教师评分
$20_{-0.02}^{0}$ mm（2 处）	2×10	超差全扣		
20±0.08mm	10	超差全扣		
$40_{-0.02}^{0}$ mm	10	超差全扣		
$60_{-0.02}^{0}$ mm	10	超差全扣		
60°±2′（2 处）	2×10	超差全扣		
⟹ 0.04 A	22	超差全扣		
表面粗糙度 Ra3.2μm（8 处）	8×1	降低一级全扣		
安全文明生产		违者每次扣 2 分		
合计				

任务小结

燕尾件是钳工工件中又一个有对称度要求的典型工件，可采用不同的测量工具测量对称度，测量方法不同则加工工艺不同。

学习任务七　孔加工和螺纹加工

学习活动1　钻孔、扩孔、铰孔、攻丝和套丝

学习目标

（1）会使用钻床钻孔和扩孔。

（2）会用铰刀铰孔。

（3）会用丝锥和板牙进行攻丝和套丝的操作。

建议学时

12学时

学习要求

（1）掌握划线钻孔的方法，并能对一般的孔进行钻削加工。

（2）掌握铰孔的方法。

（3）掌握攻螺纹及套螺纹的方法。

（4）能够正确分析孔加工过程中出现的问题，以及丝锥折断和攻、套螺纹过程中常见问题的产生原因和解决方法。

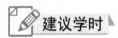

工作任务

任务内容是孔加工和螺纹加工。

1．工件图

工件图如图7-1所示。

2．工作前的准备

（1）准备钻头、铰刀、丝锥、铰杠、锉刀、刀口形直角尺、游标卡尺、高度游标卡尺、铸铁平板和V形架。

（2）准备台虎钳、砂轮机和钻床。

（3）准备Q235钢工件，规格为71mm×71mm×10mm和ϕ8mm×61mm。

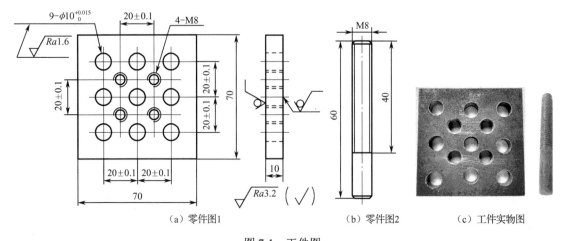

（a）零件图1   （b）零件图2   （c）工件实物图

图 7-1   工件图

3．任务分析

（1）图 7-1（a）所示零件外形尺寸按照(70±0.05)mm×(70±0.05)mm 加工。

（2）图 7-1（a）中，加工 9-ϕ10mm 及表面粗糙度 Ra 1.6μm 的孔，必须先用 ϕ9.7mm 或 ϕ9.8mm 钻头钻孔，然后铰孔；加工 4-M8 螺纹孔，要先计算螺纹底孔直径，按照计算结果选择钻头进行钻孔，然后攻螺纹；钻孔加工时要保证工件孔距的精度。

（3）图 7-1（b）中，加工 M8 外螺纹，要先计算外螺纹圆柱直径，然后按照计算结果锉削加工圆柱表面，最后套外螺纹。

4．实训步骤

（1）加工图 7-1（a）所示工件。

① 按照(70±0.05)mm×(70±0.05)mm 加工工件外形。

② 划线。

③ 钻孔。对于 9-ϕ10mm 孔，经查表，选用 ϕ9.7mm 或 ϕ9.8mm 钻头钻孔；对于 4-M8 螺纹孔，经查表，M8 的螺距 P=1.25mm，用攻制钢件公式计算螺纹底孔直径，$D_{孔}=D-P=8-1.25=6.75$mm，因此选用 ϕ6.7mm 钻头钻孔。

④ 铰孔和攻螺纹。用 ϕ10H7mm 铰刀铰孔，并加注润滑油；用 M8 丝锥攻螺纹，并加注润滑油。

⑤ 最后孔口去毛刺。

（2）加工图 7-1（b）所示工件。

① 加工工件长度尺寸 60mm。

② 按照套螺纹前圆杆直径公式计算：$d_{杆}=d-0.13P=8-0.13×1.25=7.84$mm。因此，把 ϕ8mm 圆杆上螺纹部分的直径锉削加工至 ϕ7.84mm，圆杆端部倒角。

③ 用 M8 板牙套螺纹，并加注润滑油。

5．安全注意事项

（1）操作钻床时严禁戴手套，清除切屑时应停车。

（2）启动钻床前，应检查是否有钻夹头钥匙或楔铁插在主轴上。

（3）正确选用切削用量，合理选用切削液。

（4）装夹工件、麻花钻时，必须关停钻床电动机。

（5）通孔即将钻穿时，给进速度要慢。

（6）清洁钻床或加注润滑油时，必须切断钻床电源。

操作要点及演示

1. 钻孔

（1）划线。按尺寸划各孔十字中心线，并打上中心样冲眼，再按孔的大小划出孔圆周线，如图 7-2（a）和图 7-2（b）所示。如果钻孔精度要求较高，则要划出几个大小不等的检查方框，如图 7-2（c）所示。精度要求高的孔可以不打冲眼，因为冲眼不准确会影响钻孔质量。

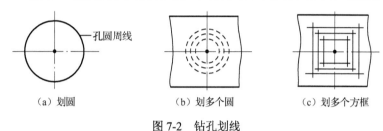

（a）划圆　　　　　　　　（b）划多个圆　　　　　　（c）划多个方框

图 7-2　钻孔划线

（2）钻头的装拆。直柄钻头的装拆如图 7-3（a）所示，锥柄钻头的装拆如图 7-3（b）～（d）所示。

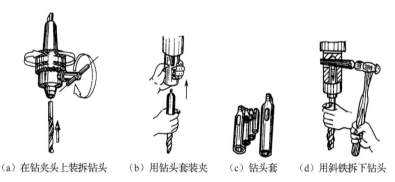

（a）在钻夹头上装拆钻头　　（b）用钻头套装夹　　（c）钻头套　　（d）用斜铁拆下钻头

图 7-3　钻头的装拆

（3）装夹工件如图 7-4 所示。

（4）钻孔方法。校对钻头顶尖与工件孔的十字中心对齐，开动钻床再次错开 90°方向校对，对准后锁紧钻床主轴，轻钻出一小浅坑，如图 7-5（a）所示；观察钻孔位置是否正确，根据偏差再做校对调整，如果小孔准确，即可正确钻削，直至把孔钻穿，如图 7-5（b）所示。如钻出的浅坑与划线圆发生偏位，偏位较少，可在试钻的同时用力将工件向偏位的反方向推移，逐步借正；如偏位较多，可用油槽錾錾出几条小槽，以减少此处的钻削阻力，达到借正目的，如图 7-5（c）所示。

2. 扩孔方法

钻孔后，在不改变工件和机床主轴相对位置的情况下，立即换上扩孔钻进行扩孔，可使钻头与孔钻的中心重合，如图 7-6（a）所示。当工件和机床主轴相对位置改变时，如果用麻花钻扩孔，应使麻花钻的后刀面与孔口接触，用手逆时针转动麻花钻，这样可使钻头与孔钻的中心重合；如果用扩孔钻扩孔，应先校对扩孔钻与钻孔的中心重合，再进行扩孔，如图 7-6（b）

所示。

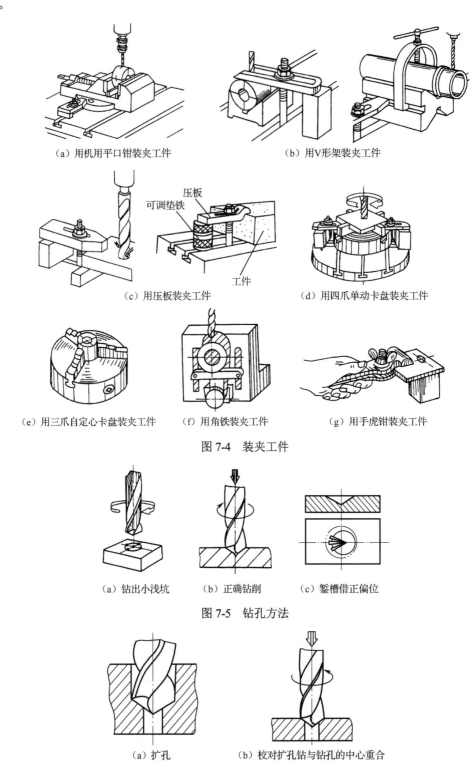

（a）用机用平口钳装夹工件　　　　　　　（b）用V形架装夹工件

压板
可调垫铁

工件

（c）用压板装夹工件　　　　　　　（d）用四爪单动卡盘装夹工件

（e）用三爪自定心卡盘装夹工件　　　（f）用角铁装夹工件　　　（g）用手虎钳装夹工件

图 7-4　装夹工件

（a）钻出小浅坑　　　（b）正确钻削　　　（c）錾槽借正偏位

图 7-5　钻孔方法

（a）扩孔　　　　　　（b）校对扩孔钻与钻孔的中心重合

图 7-6　扩孔方法

3．铰孔方法

将工件夹在台虎钳上，在已钻好的孔中插入铰刀，如图7-7所示。手铰起铰时，右手通过铰孔轴心线施加压力，左手转动铰杠，两手用力应均匀、平稳，不得有侧向压力，同时适当加压，使铰刀匀速前进，铰孔过程中应加注润滑油润滑。

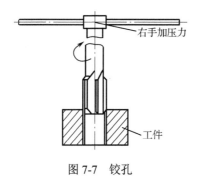

图 7-7　铰孔

4．攻螺纹方法

起攻时，一手按住铰杠中部沿丝锥轴线施加压力，另一手配合做顺向转动，如图7-8所示。在丝锥攻入1～2圈后，应及时在前后、左右两个方向用90°角尺检查丝锥的垂直度，如图7-9所示。当丝锥的切削部分全部进入工件后，则无须再加压力，而靠丝锥自然旋进切削，此时两手用力要均匀，并经常倒转1/4～1/2圈，以避免切屑阻塞卡住丝锥。如图7-10所示。攻螺纹过程中应加注润滑油润滑。

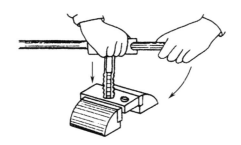

图 7-8　攻螺纹

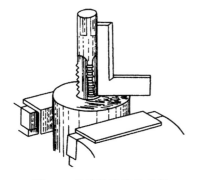

图 7-9　检查丝锥的垂直度

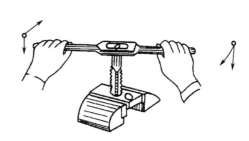

图 7-10　正常攻螺纹

5．套螺纹方法

工件端部倒角如图7-11所示。工件夹在台虎钳上，起套时要使板牙端面与圆杆轴线垂直，用一只手按住铰杠中部并施加轴向力，另一手配合做顺向缓慢转动。当板牙切入材料2～3圈时，检查并校正板牙的位置。正常套螺纹时不加压力，加注切削液，让板牙自然旋进，并经常倒转断屑，如图 7-12 所示。

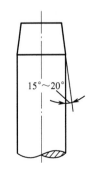

图 7-11　工件端部倒角

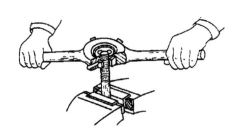

图 7-12　套螺纹

制作

学生在规定时间内完成加工作业。

善后工作

学生按照 6S 要求整理实训设备及场地，填写日志，值日生做好值日工作。

学习评价

完成练习后，根据给出的标准进行自评和教师评分工作，填写表 7-1。

表 7-1　评分记录表

考核内容	配分	评分标准	自评得分	教师评分
20±0.1mm（3 处）	3×15	超差全扣		
ϕ10H7mm	10	超差全扣		
M8（内螺纹）（2 处）	2×10	烂牙、崩牙全扣		
M8（外螺纹）	15	烂牙、崩牙全扣		
表面粗糙度 Ra1.6μm	10	降低一级全扣		
安全文明生产		违者每次扣 2 分		
合计				

任务小结

（1）钻孔时进给力要适当，即将钻穿时进给力应减小，不可用力过猛，以免影响钻削质量。

（2）钻孔后注意孔口倒角。

（3）掌握钻不同材料、不同直径的孔时切削速度及切削液的选择。

（4）铰孔时铰刀不能反转退出。

（5）攻螺纹和套螺纹时前三圈是关键，要从两个方向对垂直度及时矫正，以保证攻、套螺纹质量。

（6）套螺纹时两手用力要均匀，同时要掌握好力度，防止孔口烂牙。

（7）攻、套螺纹时要倒转断屑和清屑，防止丝锥折断。

（8）熟练操作钻床，严格遵守钻床的操作规程。

学习活动 2　标准麻花钻的刃磨

（1）了解标准麻花钻的结构。

（2）能刃磨标准麻花钻。

建议学时

6 学时

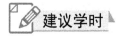

（1）掌握标准麻花钻的结构及几何角度。

（2）掌握标准麻花钻的刃磨方法。

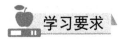

1．工件图

工件图如图 7-13 所示。

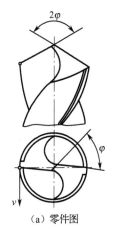

（a）零件图　　　　　（b）实物图

图 7-13　工件图

2．工作前的准备

（1）准备麻花钻。

（2）准备台虎钳、砂轮机及钻床。

3．任务分析

（1）钻头刃磨后的几何角度：顶角 118°±2°（两主切削刃呈直线），外缘处后角 10°～14°，横刃斜角 50°～55°。

（2）肉眼观察，钻头刃磨后两主切削刃长度及外缘处两点高低一致。

（3）钻头刃磨好后钻孔，钻削顺利，孔的直径尺寸偏差不能大于 0.1mm。

（4）刃磨过程中钻头温度不能过高，要把钻头不断放入冷水中冷却，避免温度过高，降低钻头硬度。

（5）可根据实际情况穿插在其他项目中练习，采用直径为 8～12mm 的钻头进行刃磨练习。

4．实训步骤

（1）根据学生人数进行分组。

（2）按组分发钻头，进行钻头刃磨练习。

（3）钻头刃磨后试钻孔。

5．安全注意事项

（1）钻头刃磨过程中要戴好防护眼镜。

（2）钻头刃磨过程中要站在砂轮机的侧面。

（3）一台砂轮机只能两人同时进行磨削练习，禁止多人同时进行磨削练习。

操作要点及演示

钻头刃磨如图 7-14 所示。右手握住钻头的头部，左手握住柄部，使钻头轴心线与砂轮圆柱母线在水平面内的夹角等于钻头顶角 2φ 的一半，被刃磨部分的主切削刃处于水平位置，使主切削刃在略高于砂轮水平中心平面处接触砂轮，右手缓慢地使钻头绕自己的轴线由下向上转动磨削，左手配合右手做缓慢的同步下压运动，磨出后角，下压的速度及幅度随后角的大小要求而变；为保证钻头近中心处磨出较大后角，还应做适当的右移运动。两后面经常轮换，直至达到刃磨要求。

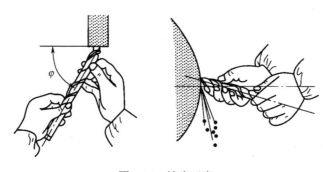

图 7-14　钻头刃磨

 制作

学生在规定时间内完成加工作业。

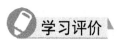 善后工作

学生按照 6S 要求整理实训设备及场地，填写日志，值日生做好值日工作。

 学习评价

完成练习后，根据给出的标准进行自评和教师评分工作，填写表 7-2。

表 7-2　评分记录表

考 核 内 容	配　　分	评 分 标 准	自 评 得 分	教 师 评 分
顶角 118°±2°	30	超差全扣		
外缘处后角 10°～14°（2 处）	2×15	超差全扣		
横刃斜角 50°～55°	20	超差全扣		
两主切削刃长度及外缘处两点高低一致	20	超差全扣		
安全文明生产		违者每次扣 2 分		
合计				

 任务小结

　　学习标准麻花钻的刃磨，首先要了解标准麻花钻的几何角度，即顶角 118°+2°、横刃斜角 50°～55°；其次要学会观察与分析刃磨钻头的几何角度；最后要掌握刃磨方法。学习过程中要反复练习才能掌握方法。

学习活动 3　锪孔件的加工

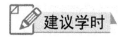 学习目标

（1）了解锪钻的分类及结构。
（2）能用麻花钻改磨锪钻。
（3）能用改磨锪钻锪孔。

建议学时

6 学时

学习要求

（1）掌握用麻花钻改磨 90°锥形锪钻和圆柱锪钻的方法。
（2）掌握用改磨锪钻锪孔的方法。

工作任务

1. 工件图

任务一是麻花钻改磨锪钻，工件图如图 7-15 所示。

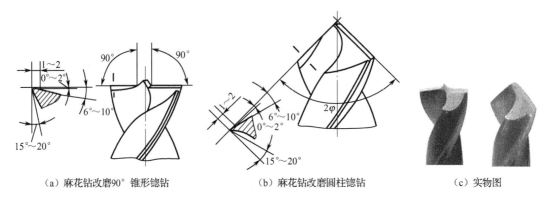

（a）麻花钻改磨 90°锥形锪钻　　　　（b）麻花钻改磨圆柱锪钻　　　　（c）实物图

图 7-15　任务一工件图

任务二是锪孔，工件图如图 7-16 所示。

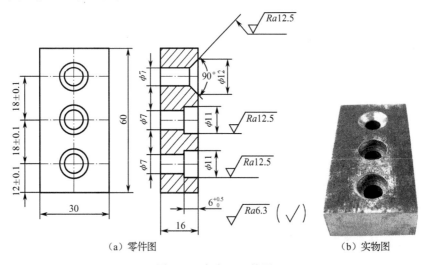

（a）零件图　　　　　　　　　（b）实物图

图 7-16　任务二工件图

2. 工作前的准备

（1）准备麻花钻。
（2）准备锉刀、刀口直角尺、高度游标卡尺、游标卡尺、千分尺、铸铁平板和 V 形架。
（3）准备台虎钳、砂轮机及钻床。
（4）准备 Q235（或 45）钢工件，规格为 61mm×31mm×16mm。

3．任务分析

（1）先用麻花钻改磨 90°锥形锪钻和圆柱锪钻，然后用改磨好的 90°锥形锪钻和圆柱锪钻锪孔。

（2）锪孔时要避免出现振痕，进给量为钻孔的 2～3 倍，切削速度为钻孔的 1/3～1/2。

（3）尽量用较短的钻头来改磨锪钻，修磨前刀面减小前角，防止扎刀和振动，锪钢件要加润滑油。

（4）锥角和最大直径（或深度）要符合图样规定（一般在埋头螺钉装入后，应低于工件平面约 0.5mm）。

4．实训步骤

（1）刃磨锪钻。根据麻花钻改磨 90°锥形锪钻和圆柱锪钻的结构及几何参数进行刃磨。

（2）锪孔。

① 划线。

② 锪圆锥孔。先用 φ7mm 钻头钻孔，再用改磨的锥形锪钻锪至深度尺寸，并用 M6 沉头螺钉做试配检查。

③ 锪圆柱孔。先用改磨的圆柱锪钻锪至深度尺寸，再用 φ7mm 钻头钻孔，并用 M6 内六角螺钉做试配检查。

 操作要点及演示

教师做麻花钻改磨 90°锥形锪钻和圆柱锪钻刃磨演示。

制作

学生在规定时间内完成加工作业。

善后工作

学生按照 6S 要求整理实训设备及场地，填写日志，值日生做好值日工作。

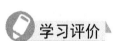 学习评价

完成练习后，根据给出的标准进行自评和教师评分工作，填写表 7-3。

表 7-3 评分记录表

考核内容	配 分	评 分 标 准	自评得分	教师评分
锪钻刃磨	30	根据 90°锥形锪钻和圆柱锪钻标准评分		
18±0.1mm（2 处）	2×5	超差全扣		
12±0.1mm	5	超差全扣		
φ7mm、φ11mm、φ12mm（6 处）	6×5	超差全扣		
90°	10	超差全扣		

续表

考 核 内 容	配　　分	评 分 标 准	自 评 得 分	教 师 评 分
$Ra12.5\mu m$（3处）	3×5	降低一级全扣		
安全文明生产		违者每次扣2分		
合计				

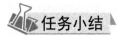 **任务小结**

　　麻花钻改磨90°锥形锪钻和圆柱锪钻，了解这两种锪钻的结构及几何参数是刃磨的基础，反复多练才能掌握刃磨技能。锪孔过程中速度要适当，否则容易出现振痕。

学习任务八 锉配

学习活动 1 四边形镶配件的加工

（1）会使用整形锉锉削工件。
（2）会使用锯削方法去除封闭的内表面。
（3）会镶配封闭式配合件。
（4）会使用杠杆表检测工件。

建议学时

12 学时

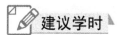

（1）掌握四边形镶配件的加工工艺及方法。
（2）掌握工件内加工表面的加工工艺及垂直度误差的测量方法。
（3）掌握工件配合间隙的修配方法。

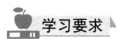

任务内容是四边形镶配件的加工。
1. 工件图
工件图如图 8-1 所示。
2. 工作前的准备
（1）准备划针、样冲、锯弓、锯条、锉刀、钢直尺、直角尺、游标卡尺、高度游标卡尺、塞尺、杠杆百分表、磁力表座、量块、铰刀、铰杠、切削液、标准麻花钻、平板和 V 形架。
（2）准备台虎钳、台式钻床和砂轮机。
（3）准备 Q235 钢材料，规格为 61mm×61mm×10mm 和 25mm×25mm×10mm。

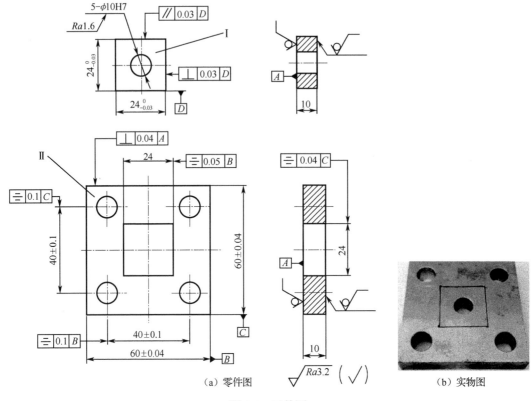

（a）零件图　　　　　　　　（b）实物图

图 8-1　工件图

3．任务分析

（1）该工件是由件Ⅰ和件Ⅱ组成的四边形镶配件，各加工面均可通过控制尺寸来保证精度。

（2）工件的配合精度可在控制各加工尺寸的基础上，以件Ⅰ为基准修配件Ⅱ内表面来保证。

（3）加工件Ⅱ中 4 个 ϕ10H7mm 孔，必须先用 ϕ9.7mm 或 ϕ9.8mm 钻头钻孔，然后铰孔。钻孔加工时要保证工件孔距 40±0.1mm 的精度要求，并保证孔轴线与 A 面的垂直度。

（4）件Ⅱ外形尺寸要保证 4 个加工面之间的垂直度，否则会影响件Ⅰ与件Ⅱ配合翻转精度。

4．实训步骤

（1）加工件Ⅰ。

① 划线。

② 用 ϕ9.7mm 或 ϕ9.8mm 钻头钻底孔。

③ 用 ϕ10H7mm 铰刀铰孔。

④ 以中间 ϕ10mm 孔为基准加工各加工面，控制尺寸 $24_{-0.03}^{0}$mm×$24_{-0.03}^{0}$mm，保证孔的对称度，测量方法如图 8-2 所示。

⑤ 工件倒角、去毛刺。

（2）加工件Ⅱ。

① 按照尺寸(60±0.04)mm×(60±0.04)mm 加工工件外形。

② 按照图样要求划线。

③ 钻孔，去除余料（两个对角孔），如图 8-3（a）所示。

④ 先修锉排料孔，再按图 8-3（b）所示，锯削去除余料，并粗锉加工。

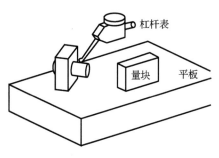

（a）钻孔　　　　　　　　（b）锯削去除余料

图 8-2　加工表面的测量方法　　　　　　　图 8-3　钻孔与锯削加工

⑤ 精加工内加工面，用千分尺或杠杆表进行测量，锉削控制内表面至外表面 4 处 18mm 尺寸，以保证内表面尺寸 24mm 的对称度。件Ⅱ的测量及修配方法如图 8-4 所示。

⑥ 以件Ⅰ为基准，精修件Ⅱ内加工面。

⑦ 钻孔。

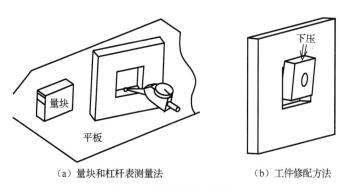

（a）量块和杠杆表测量法　　　　　（b）工件修配方法

图 8-4　测量及修配方法

⑧ 铰孔。用 ϕ10H7mm 铰刀铰孔，并加注润滑油，孔口去毛刺。

⑨ 工件倒角、去毛刺。

5．安全注意事项

（1）操作钻床时严禁戴手套，清除切屑时应停车，并用专用的毛刷清扫。

（2）正确选用切削用量，合理选用切削液。

（3）铰孔时严禁倒转铰刀。

（4）通孔即将钻穿时，进给速度要慢。

制作

学生在规定时间内完成加工作业。

善后工作

学生按照 6S 要求整理实训设备及场地，填写日志，值日生做好值日工作。

学习评价

完成练习后,根据给出的标准进行自评和教师评分工作,并填写表8-1。

表8-1 评分记录表

考 核 内 容	配　分	评 定 标 准	自 评 得 分	教 师 评 分
60±0.04mm(2处)	2×5	超差全扣		
$24_{-0.03}^{0}$ mm(2处)	2×5	超差全扣		
Ra3.2(12处)	12×1	超差全扣		
⏛ 0.05 B (2处) ⏛ 0.04 C	2×2	超差全扣		
// 0.03 D (2处)	2×0.5	超差全扣		
⊥ 0.03 D (5处) ⊥ 0.04 A	5×1	超差全扣		
φ10H7(5处)	5×1	超差全扣		
Ra1.6μm(5处)	5×1	超差全扣		
40±0.1mm(4处)	4×3	超差全扣		
⏛ 0.1 C (2处)	2×1	超差全扣		
⏛ 0.1 B (2处)	2×1	超差全扣		
配合间隙≤0.03mm,换位4次(16处)	16×2	超差全扣		
安全文明生产		从总分中扣,每次扣5分,扣完为止		
合计				

任务小结

(1)进行钻孔加工时,要校正工件大表面与机用虎钳钳口的平行度,以保证孔的垂直度。

(2)锉配过程中,件Ⅰ与件Ⅱ的试配不能用力过大,以免拉伤加工面。

(3)铰孔过程中,要及时清除切屑,否则会影响孔壁表面精度。

(4)采用杠杆表测量时,若安装不正确,平板不清洁,会影响测量数据。

学习活动2　五边形镶配件的加工

学习目标

(1)会使用分度头对圆形工件进行等分划线。

(2)能正确使用万能角度尺进行角度检测。

（3）会镶配封闭式配合件。

建议学时

12 学时

学习要求

（1）掌握五边形镶配件的加工工艺及方法。
（2）掌握工件外角度的测量方法。
（3）掌握工件配合间隙的镶配方法。

工作任务

任务内容是五边形镶配件的加工。

1. **工件图**

工件图如图 8-5 所示。

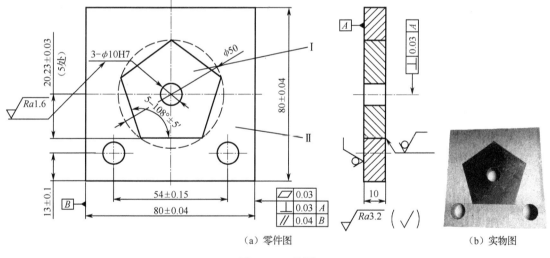

（a）零件图　　（b）实物图

图 8-5　工件图

2. **工作前的准备**

（1）准备划针、样冲、锯弓、锯条、锉刀、钢直尺、直角尺、游标卡尺、高度游标卡尺、塞尺、杠杆百分表、磁力表座、量块、铰刀、铰杠、切削液、标准麻花钻、平板和 V 形架。

（2）准备台虎钳、台式钻床、分度头和砂轮机。

（3）准备 Q235 钢或 45 钢材料，规格为 80mm×80mm×10mm 和 ϕ51mm×10mm。

3. **任务分析**

（1）该工件是由件 I 和件 II 组成的镶配件，各加工面均可通过控制尺寸和角度来保证精度。

（2）件 I 为正五边形，外形尺寸要以中心孔 ϕ10H7mm 为基准来保证。

（3）以件 I 为基准修配件 II 内表面。

（4）加工件Ⅱ两个 ϕ10H7mm 孔，必须先用 ϕ9.7mm 或 ϕ9.8mm 钻头钻孔，然后铰孔。

4．实训步骤

（1）加工件Ⅰ。

① 利用分度头划线。

② 打冲眼。

③ 钻孔。

④ 孔口倒角、去毛刺。

⑤ 铰孔。用 ϕ10H7mm 铰刀铰孔，并加注润滑油。

⑥ 加工第 1 面。锯削去除余量，以内圆孔为测量基准，锉削控制 20.23mm 尺寸精度，如图 8-6（a）所示。尺寸 20.23mm 可用图 8-2 所示方法测量，也可用壁厚千分尺进行测量。

⑦ 加工第 2 面。锯削去除余量，以内圆孔为测量基准，锉削控制 20.23mm 尺寸精度并保证 108°角，如图 8-6（b）所示。

⑧ 加工第 3 面。锯削去除余量，以内圆孔为测量基准，锉削控制 20.23mm 尺寸精度并保证 108°角，如图 8-6（c）所示。

⑨ 加工第 4、5 面，如图 8-6（d）、（e）所示。加工方法与第 1、2 面相同，此处不再赘述。

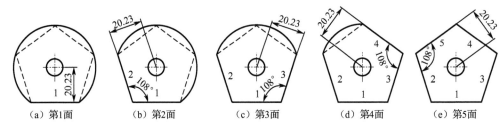

（a）第1面　　（b）第2面　　（c）第3面　　（d）第4面　　（e）第5面

图 8-6　加工工件各表面

（2）加工件Ⅱ。

① 按照尺寸(80±0.04)mm×(80±0.04)mm 锉削加工工件外形。

② 按照图样要求划线（可仿形划线）。

③ 钻孔，并修锉如图 8-7（a）所示。

④ 锯削去除余料，如图 8-7（b）所示，然后粗锉加工。

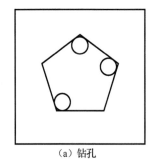

（a）钻孔　　　　　　　（b）锯削去除余料

图 8-7　钻孔与锯削加工

⑤ 按加工线半精加工各内加工面。

⑥ 精加工第 1 面，锉削控制尺寸 19.77mm，如图 8-8（a）所示。

⑦ 精加工第 2、3 面，直至向下压件Ⅰ能均匀接触第 1 面为止，如图 8-8（b）所示。

⑧ 精加工第 4、5 面。以第 1、2、3 面为基准，修配第 4、5 面，直至件Ⅰ能用手整体压入为止，如图 8-8（c）所示。

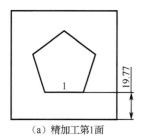 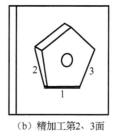 

（a）精加工第1面　　　　（b）精加工第2、3面　　　　（c）精加工第4、5面

图 8-8　精加工各表面

⑨ 钻孔。

⑩ 铰孔。用 ϕ10H7mm 的铰刀铰孔，并加注润滑油。

⑪ 孔口去毛刺。

⑫ 工件倒角、去毛刺。

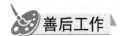 制作

学生在规定时间内完成加工作业。

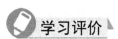 善后工作

学生按照 6S 要求整理实训设备及场地，填写日志，值日生做好值日工作。

学习评价

完成练习后，根据给出的标准进行自评和教师评分工作，并填写表 8-2。

表 8-2　评分记录表

考核内容	配分	评定标准	自评得分	教师评分
80±0.04mm（2 处）	2×2	超差全扣		
20.23±0.03mm（5 处）	5×3	超差全扣		
108°±5′（5 处）	5×3	超差全扣		
Ra3.2μm（14 处）	14×1	超差全扣		
⊥ 0.03 A	2	超差全扣		
▱ 0.03 （4 处）	4×1	超差全扣		
⊥ 0.03 A （4 处）	4×1	超差全扣		
// 0.04 B （2 处）	2×1	超差全扣		
ϕ10H7mm（3 处）	3×2	超差全扣		

续表

考核内容	配　分	评定标准	自评得分	教师评分
Ra1.6μm（3 处）	3×1	超差全扣		
54±0.15mm	4	超差全扣		
13±0.1mm（2 处）	2×1	超差全扣		
配合间隙≤0.03mm（25 处）	25×1	超差全扣		
安全文明生产		从总分中扣，每次扣 5 分，扣完为止		
合计				

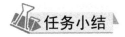

任务小结

　　锉削镶配件，要保证件Ⅰ能配入件Ⅱ内表面，达到配合精度。加工件Ⅰ五边形是关键，五边形的角度精度及边长对称度要高。另外，件Ⅰ配入件Ⅱ内表面的加工方法要正确。

学习活动 3　六边形镶配件的加工

学习目标

　　（1）能使用万能分度头对圆形工件进行等分划线。
　　（2）会使用百分表测量工件对称度。
　　（3）会镶配封闭式配合件。

建议学时

　　12 学时

学习要求

　　（1）掌握六边形镶配件的加工工艺及方法。
　　（2）掌握工件对称度的测量方法。
　　（3）掌握工件配合间隙的镶配方法。

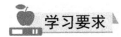

工作任务

　　任务内容是六边形镶配件的加工。
　　1．工件图
　　工件图如图 8-9 所示。

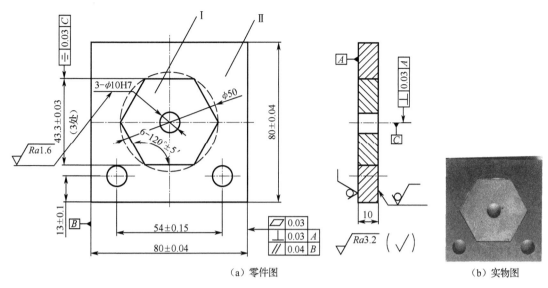

（a）零件图 　　　　　（b）实物图

图 8-9　工件图

2. 工作前的准备

（1）准备划针、样冲、锯弓、锯条、锉刀、钢直尺、直角尺、游标卡尺、高度游标卡尺、塞尺、杠杆百分表、磁力表座、量块、铰刀、铰杠、切削液、标准麻花钻、平板和 V 形架。

（2）准备台虎钳、台式钻床、分度头和砂轮机。

（3）准备 Q235 钢或 45 钢材料，规格为 80mm×80mm×10mm 和 ϕ51mm×10mm。

3. 任务分析

（1）该工件是由件 I 和件 II 组成的镶配件，各加工面均可通过控制尺寸和角度来保证精度。

（2）件 I 为正六边形，要以中心孔 ϕ10H7mm 为基准加工外表面，才能保证外形尺寸及对称度。

（3）以件 I 为基准修配件 II 来保证工件的配合精度。

（4）加工件 II 两个 ϕ10H7mm 孔，必须先用 ϕ9.7mm 或 ϕ9.8mm 钻头钻孔，然后铰孔。

4. 实训步骤

（1）加工件 I。

① 利用分度头划线。

② 打冲眼。

③ 钻孔。

④ 孔口倒角、去毛刺。

⑤ 铰孔。用 ϕ10H7mm 铰刀铰孔，并加注润滑油。

⑥ 加工第 1 面。锯削去除余量，以内圆孔为测量基准，锉削控制尺寸 A，如图 8-10（a）所示。测量方法如图 8-10（f）所示。

⑦ 加工第 2 面。锯削去除余量，锉削控制尺寸 43.3±0.03mm，如图 8-10（b）所示。

⑧ 加工第 3 面。锯削去除余量，锉削控制尺寸 A 并保证 120° 角，如图 8-10（c）所示。

⑨ 加工第 4 面。锯削去除余量，锉削控制尺寸 A 并保证 120° 角，如图 8-10（d）所示。

⑩ 加工第 5、6 面。锯削去除余量，锉削控制尺寸 43.3±0.03mm 和 120° 角，如图 8-10（e）

所示。

⑪ 锐角倒角、修整、去毛刺。

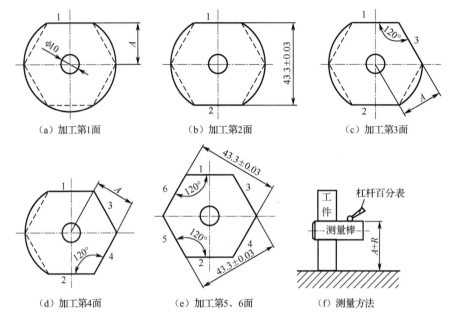

（a）加工第1面   （b）加工第2面   （c）加工第3面

（d）加工第4面   （e）加工第5、6面   （f）测量方法

图 8-10　加工工件各表面

（2）加工件Ⅱ。

① 按照尺寸(80±0.04)mm×(80±0.04)mm 锉削工件外形。

② 按照图样要求划线（可仿形划线）。

③ 钻孔并锯削去除余料，如图 8-11（a）所示。

④ 按加工线半精加工各内表面。

⑤ 加工第 1 面。以外形面为基准，锉削控制尺寸 18.35mm，如图 8-11（b）所示。

⑥ 加工第 2 面。以件Ⅰ的实际尺寸为准，锉削控制尺寸 β，同时以件Ⅰ试配，如图 8-11（c）所示。

⑦ 加工第 3、4 面。以件Ⅰ的第 1、2 面为导向基准，向第 3、4 面推压并进行修配，直至件Ⅰ的第 3、4 面接触均匀为止，如图 8-11（d）所示。

⑧ 加工第 5、6 面。以件Ⅰ的第 1、2 面为导向基准，并与件Ⅰ的第 1、2、3、4 面接触，根据件Ⅰ与件Ⅱ的第 5、6 面的接触情况修锉件Ⅱ的第 5、6 面，保证其与件Ⅰ所有面接触均匀，直至件Ⅰ能用手压入件Ⅱ为止，如图 8-11（e）所示。

⑨ 钻孔。

⑩ 铰孔。用 ϕ10H7mm 铰刀铰孔，并加注润滑油。

⑪ 工件倒角，孔口去毛刺。

（a）钻孔并锯削去除余料

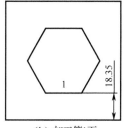
（b）加工第1面

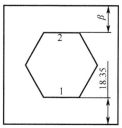
（c）加工第2面

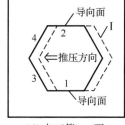
（d）加工第3、4面

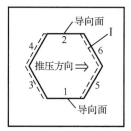
（e）加工第5、6面

图 8-11　加工件Ⅱ

 制作

学生在规定时间内完成加工作业。

 善后工作

学生按照 6S 要求整理实训设备及场地，填写日志，值日生做好值日工作。

学习评价

完成练习后，根据给出的标准进行自评和教师评分工作，并填写表 8-3。

表 8-3　评分记录表

考 核 内 容	配　　分	评 定 标 准	自 评 得 分	教 师 评 分
80±0.04mm（2 处）	2×3	超差全扣		
43.3±0.03mm（3 处）	3×3	超差全扣		
120°±5′（6 处）	6×2	超差全扣		
Ra3.2μm（16 处）	16×0.5	超差全扣		
⊥ 0.03 A	1	超差全扣		
= 0.03 C （3 处）	3×1	超差全扣		
▱ 0.03 （4 处）	4×1	超差全扣		
⊥ 0.03 A （4 处）	4×1	超差全扣		
∥ 0.04 B （2 处）	2×1	超差全扣		
ϕ10H7mm（3 处）	3×2	超差全扣		

续表

考核内容	配　分	评定标准	自评得分	教师评分
*Ra*1.6μm（3 处）	3×1	超差全扣		
54±0.15mm	1×2	超差全扣		
13±0.1mm（2 处）	2×2	超差全扣		
配合间隙≤0.03mm（36 处）	36×1	超差全扣		
安全文明生产		从总分中扣，每次扣 5 分，扣完为止		
合计				

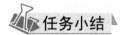 **任务小结**

　　镶配件是钳工锉配工件中的一种，其锉配要点如下：首先，子件的加工精度要高，特别是子件有互换要求的配合；其次，用喇叭形配入子件的方法要正确，避免刚开始出现间隙过大的现象。

 # 学习活动 4　阶梯对配件的加工

 **学习目标**

（1）会分析工件图、技术要求及评分表。
（2）能按图纸要求进行加工，达到相应的尺寸精度、配合间隙及错位量。
（3）能正确使用砂轮机，会使用砂轮机修磨锉刀。
（4）会采用透光法检查对配件配合情况。

建议学时

12 学时

学习要求

（1）掌握锯削加工余量控制方法。
（2）掌握用刀口直角尺和显点法检测平面度误差的方法。
（3）掌握用刀口直角尺和万能角度尺检测垂直度误差的方法。
（4）掌握对配件间隙的锉配方法。

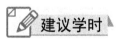 **工作任务**

　　任务内容是阶梯对配件的加工。

1. 工件图

工件图如图 8-12 所示。

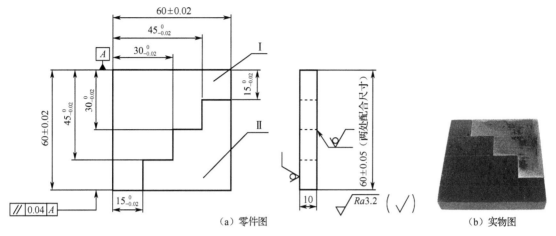

（a）零件图　　　　　　　　　　（b）实物图

图 8-12　工件图

2. 工作前的准备

（1）准备锉刀、手锯、千分尺、刀口直角尺、高度游标卡尺、游标卡尺、铸铁平板和 V 形架。

（2）准备台虎钳和砂轮机。

（3）准备两个 Q235 钢工件，尺寸分别为 61mm×61mm×10mm 和 46mm×46mm×10mm。

3. 任务分析

（1）本工作任务的难点在于配合间隙及错位量的控制，重点在于件Ⅰ的加工。

（2）根据工件图及评分表可分析出要以件Ⅰ为基准加工件Ⅱ，因此要控制好件Ⅰ的尺寸精度、平面度及垂直度。

4. 实训步骤

（1）按工件图尺寸要求划线。

（2）加工件Ⅰ。锯削去余量，按工件图尺寸加工。加工过程中注意各阶梯 90° 内角清角处理，可使用修整后的异形锉进行内角清角。

（3）加工件Ⅱ。锯削去余量，锉削加工时要测量尺寸，件Ⅱ上每面的尺寸等于件Ⅰ外形实际尺寸减去件Ⅱ与该面相配合面上尺寸的差。

（4）件Ⅰ与件Ⅱ相配，根据配合情况修锉件Ⅱ加工表面。

（5）工件倒角、去毛刺。

5. 安全注意事项

在砂轮机上修磨锉刀时要注意以下几点。

（1）磨刀前，佩戴好防护眼镜，检查安全防护装置，进行空转试运行。

（2）磨刀时，握紧工件，人侧对砂轮；均匀用力，避免猛力接触砂轮；使用砂轮机时，避免砂轮表面上磨出沟槽。

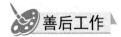 制作

学生在规定时间内完成加工作业。

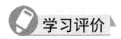 善后工作

学生按照 6S 要求整理实训设备及场地，填写日志，值日生做好值日工作。

学习评价

完成练习后，根据给出的标准进行自评和教师评分工作，填写表 8-4。

表 8-4　评分记录表

考核内容	配　分	评分标准	自评得分	教师评分
$15_{-0.02}^{0}$ mm（2 处）	2×4	超差全扣		
$30_{-0.02}^{0}$ mm（2 处）	2×4	超差全扣		
$45_{-0.02}^{0}$ mm（2 处）	2×4	超差全扣		
60±0.02mm（2 处）	2×4	超差全扣		
60±0.05mm（2 处）	2×4	超差全扣		
// 0.04 A （2 处）	2×4	超差全扣		
$Ra3.2\mu m$（18 处）	18×0.5	降低一级全扣		
配合间隙≤0.05mm（12 处）	12×3	超差一处扣 3 分		
错位量≤0.06mm（2 处）	2×3.5	超差全扣		
安全文明生产		违者扣 1～5 分		
合计				

任务小结

在加工对配件的过程中，要注意工件的尺寸精度要求。例如，对于本任务中的件Ⅰ，除要控制其尺寸精度外，还要控制其平面度、垂直度及清角。加工件Ⅱ时，同件Ⅰ一样，不但要控制好尺寸，也要注意平面度、垂直度及清角，否则配合间隙及错位量将难以保证。

学习活动 5　拼块对配件的加工

学习目标

（1）能用正确的方法锉削对配件外角和内角的表面。
（2）能熟练使用钻床钻孔、铰孔，并保证孔的中心距尺寸精度。

（3）能熟练使用游标万能角度尺。

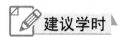

建议学时

12 学时

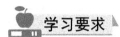

学习要求

（1）掌握对配件的加工工艺及测量方法。

（2）掌握钻孔方法，保证孔的中心距尺寸精度。

（3）掌握对配件间隙的锉配方法。

工作任务

任务内容是拼块对配件的加工。

1．工件图

工件图如图 8-13 所示。

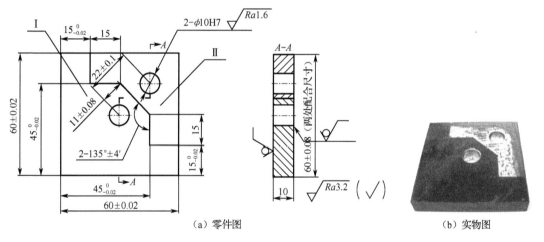

（a）零件图 （b）实物图

图 8-13 工件图

2．工作前的准备

（1）准备锉刀、手锯、千分尺、刀口直角尺、高度游标卡尺、游标卡尺、游标万能角度尺、铰刀、麻花钻、铰杠、铸铁平板和 V 形架。

（2）准备台虎钳、钻床和砂轮机。

（3）准备两个 Q235 钢工件，尺寸分别为 61mm×61mm×10mm 和 46mm×46mm×10mm。

3．任务分析

（1）本工作任务的难点在于 135° 角锉配及孔距尺寸精度的保证，重点在于件 I 的加工。

（2）根据工件图及评分表可分析出要以件 I 为基准加工件 II，因此要控制好件 I 的尺寸精度、平面度及垂直度。

4．实训步骤

（1）按工件图尺寸要求划线。

（2）加工件Ⅰ。

① 划线后锯削去余量。

② 按工件图尺寸加工。

③ 计算或查表后钻底孔直径 ϕ9.7mm，再铰孔达 ϕ10H7mm。也可以在锉削斜面前先钻孔，后锉削控制 11±0.08mm。

（3）加工件Ⅱ。锯削去余量，锉削加工时要测量尺寸，件Ⅱ上每面的尺寸等于件Ⅰ外形实际尺寸减去件Ⅱ与该面相配合面上尺寸的差。

（4）件Ⅰ与件Ⅱ相配，根据配合情况修锉件Ⅱ加工表面，重点是斜面的加工。

（5）工件倒角、去毛刺。

5．安全注意事项

（1）要严格按照钻床的操作规程进行操作。

（2）装夹工件和麻花钻时，必须关停钻床电动机。

（3）启动钻床前，应检查是否有钻夹头钥匙或楔铁插在主轴上。

（4）操作钻床时严禁戴手套，清除切屑时应停车。

（5）正确选用切削用量，合理选用切削液。

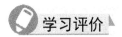 **制作**

学生在规定时间内完成加工作业。

善后工作

学生按照 6S 要求整理实训设备及场地，填写日志，值日生做好值日工作。

学习评价

完成练习后，根据给出的标准进行自评和教师评分工作，填写表 8-5。

表 8-5　评分记录表

考 核 内 容	配　　分	评分标准	自 评 得 分	教 师 评 分
60±0.02mm（2 处）	2×4	超差全扣		
$45_{-0.02}^{0}$mm （2 处）	2×4	超差全扣		
$15_{-0.02}^{0}$mm （2 处）	2×4	超差全扣		
60±0.08mm（2 处）	2×4	超差全扣		
22±0.1mm	6	超差全扣		
11±0.08mm	6	超差全扣		
135°±4′（2 处）	2×4	超差全扣		
ϕ10H7mm（2 处）	2×2	超差全扣		
Ra1.6μm（2 处）	2×1	降低一级全扣		
Ra3.2μm（16 处）	16×0.5	降低一级全扣		

续表

考核内容	配　分	评分标准	自评得分	教师评分
配合间隙≤0.05mm（12处）	10×3	超差一处扣3分		
错位量≤0.06mm（2处）	2×2	超差全扣		
安全文明生产		违者扣1～5分		
合计				

 任务小结

（1）钻孔时进给力要适当，即将钻穿时进给力应减小，不可用力过猛，以免影响钻削质量。

（2）钻孔后注意孔口倒角。

（3）铰孔时铰刀不能反转退出。

（4）配锉件Ⅱ的斜面时，内斜角无法用游标万能角度尺测量，要以件Ⅰ为基准进行修配。修配时要多分析多试配，不要盲目锉削以致配合间隙过大。

学习活动6　燕尾对配件的加工

 **学习目标**

（1）能用正确的方法锉削工件中锐角的内外表面。

（2）了解典型燕尾对配件的加工工艺。

（3）了解对称度间接测量及计算方法。

 **建议学时**

12学时

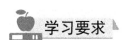 **学习要求**

（1）掌握典型燕尾对配件的加工工艺。

（2）掌握燕尾件对称度间接测量值计算方法。

（3）掌握工件对称度误差的测量方法。

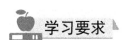 **工作任务**

任务内容是燕尾对配件的加工。

1．工件图

工件图如图8-14所示。

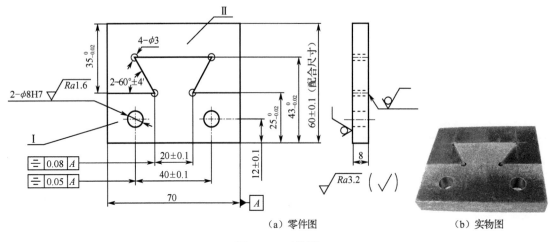

（a）零件图　　　　　　（b）实物图

图 8-14　工件图

2．工作前的准备

（1）准备锉刀、手锯、千分尺、刀口直角尺、高度游标卡尺、游标卡尺、游标万能角度尺、铰刀、麻花钻、铰杠、标准圆柱棒、铸铁平板和 V 形架。

（2）准备台虎钳、钻床和砂轮机。

（3）准备两个 Q235 钢工件，尺寸分别为 71mm×44mm×8mm 和 71mm×36mm×8mm。

3．任务分析

（1）本工作任务的难点在于燕尾对称度、错位量的保证及燕尾锐角的锉配，重点在于件 I 燕尾的加工及对称度的测量。

（2）根据工件图及评分表可分析出要以件 I 为基准加工件 II，因此要控制好件 I 的尺寸精度、角度、平面度及垂直度。

4．实训步骤

（1）加工件 I。

① 根据图纸要求划线，然后锯削 1、2 面去余量，如图 8-15 所示。

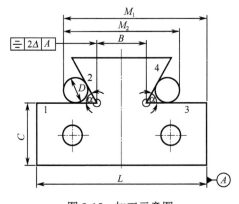

图 8-15　加工示意图

② 先锉削 1 面，控制 C 尺寸精度，然后锉削 2 面。锉削 2 面工艺：先控制 M_1 尺寸精度，再控制 α 角精度，最后控制直线度和平面度。

③ 锯削 3、4 面去余量，然后锉削 3 面，控制 C 尺寸精度，最后锉削 4 面。锉削 4 面工艺：先控制 M_2 尺寸精度，再控制 α 角精度，最后控制直线度和平面度。

④ 测量燕尾件对称度。采用百分表测量法或正弦规、杠杆表测量法。

（2）加工件Ⅱ。

① 划线后钻去除余量的孔，然后锯削去余量并粗锉加工，留有一定精锉余量。

② 以件Ⅰ为基准修锉件Ⅱ内加工表面，直至达到配合间隙要求，用手能压入件Ⅰ即可。

③ 按尺寸要求钻孔，然后铰孔（钻孔工作也可在锯削去余量之前完成）。

（3）工件倒角、去毛刺。

5．安全注意事项

（1）锉削平面后要去毛刺，锐角要倒角，以免测量时伤手。

（2）在用圆柱棒测量时，两根圆柱棒易滑动，要平稳放置，以免摔落。

制作

学生在规定时间内完成加工作业。

善后工作

学生按照 6S 要求整理实训设备及场地，填写日志，值日生做好值日工作。

学习评价

完成练习后，根据给出的标准进行自评和教师评分工作，填写表 8-6。

表 8-6　评分记录表

考 核 内 容	配　　分	评分标准	自 评 得 分	教 师 评 分
$35_{-0.02}^{0}$ mm	4	超差全扣		
$43_{-0.02}^{0}$ mm	4	超差全扣		
$25_{-0.02}^{0}$ mm（2 处）	2×4	超差全扣		
20±0.1mm	4	超差全扣		
60±0.1mm	4	超差全扣		
60°±4′（2 处）	2×5	超差全扣		
═ 0.08 A	4	超差全扣		
═ 0.05 A	4	超差全扣		
40±0.1mm	4	超差全扣		
12±0.1mm（2 处）	2×3	超差全扣		
ϕ8H7mm（2 处）	2×2	超差全扣		
Ra1.6μm（2 处）	2×1	降低一级全扣		
Ra3.2μm（16 处）	16×0.5	降低一级全扣		
配合间隙≤0.05mm（10 处）	10×3	超差一处扣 3 分		

续表

考 核 内 容	配　分	评 分 标 准	自 评 得 分	教 师 评 分
错位量≤0.06mm	4	超差全扣		
安全文明生产		违者扣1～5分		
合计				

任务小结

（1）燕尾件是钳工工件中又一个有对称度要求的典型工件，必须掌握其加工工艺、对称度间接测量值计算方法及测量方法。实训任务的重点是掌握锉削燕尾件的加工工艺及测量方法。

（2）最后修配时，可以凸件（件Ⅰ）为基准，配锉凹件（件Ⅱ）的内表面，即采用镶配的方法锉配。但是，要注意配锉凹件时，镶入凸件会造成凹件的开口处尺寸变大。

学习活动 7　凹凸尺寸配件的加工

学习目标

（1）了解尺寸配件的加工工艺及测量方法。

（2）能用尺寸链计算方法确定工件的间接测量尺寸。

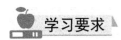建议学时

12 学时

学习要求

（1）掌握尺寸配件的加工工艺及测量方法。

（2）学会用深度千分尺测量工件深度尺寸。

（3）掌握尺寸链计算方法。

工作任务

任务内容是凹凸尺寸配件的加工。

1．工件图

工件图如图 8-16 所示。

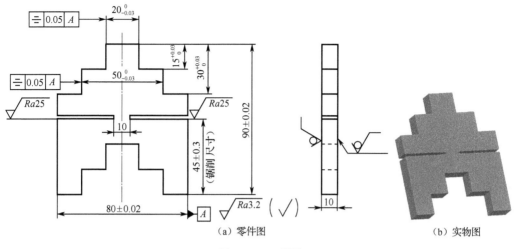

（a）零件图　　　　（b）实物图

图 8-16　工件图

2．工作前的准备

（1）准备划针、锯弓、锯条、锉刀、钢直尺、刀口直角尺、千分尺、深度千分尺、游标卡尺、高度游标卡尺、塞尺、杠杆百分表、磁力表座、量块、标准麻花钻、平板和 V 形架。

（2）准备台虎钳、台式钻床和砂轮机。

（3）准备 Q235 或 45 钢材料，规格为(90±0.02)mm×(80±0.02)mm×10mm，如图 8-17 所示。

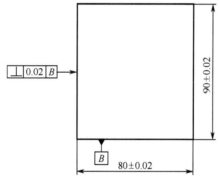

图 8-17　备料图

3．任务分析

为保证工件加工后凹凸部分配合间隙的精度，凹形部分的尺寸要根据凸形部分的尺寸来加工，因此须运用尺寸链计算方法来确定凹形部分的尺寸公差，如图 8-18 所示。

如图 8-19 所示，增环尺寸为 L，减环尺寸为 A、C，配合间隙是封闭环 Δ。用千分尺测量已加工好的尺寸 C 和尺寸 L，求尺寸 A。例如，测得 $C=20_{-0.03}^{0}$mm，$L=80_{-0.02}^{0}$mm，封闭环 $\Delta \leqslant 0.05$mm。根据尺寸链公式：

$$2\Delta_{\max}=L_{\max}-2A_{\min}-C_{\min}$$

可得

$$A_{\min}=(L_{\max}-C_{\min}-2\Delta_{\max})/2$$
$$=(80-19.97-2\times0.05)/2$$
$$=29.965\text{mm}$$

$$A_{max}=(L_{min}-C_{max}-2\Delta_{min})/2$$
$$=(79.98-20-2\times0)/2$$
$$=29.99mm$$

同理，可求出 B 的最大和最小极限尺寸。

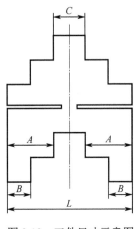

图 8-18　工件尺寸示意图

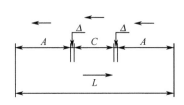

图 8-19　尺寸链

4．实训步骤

（1）划线。

（2）加工凸形部分。

① 采用锯削方法去除凸形部分左侧 4 个型面的大部分余料，再用锉削方法加工凸形部分左侧的 4 个型面，保证两深度尺寸 $15_0^{+0.03}$ mm、$30_0^{+0.03}$ mm 和左侧尺寸 G 与 E，如图 8-20 所示。

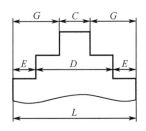

图 8-20　加工示意图

② 采用锯削方法去除凸形部分右侧 4 个型面的余料，再用锉削方法加工凸形部分右侧的 4 个型面，保证两深度尺寸 $15_0^{+0.03}$ mm、$30_0^{+0.03}$ mm 和右侧尺寸 G 与 E。

（3）加工凹形部分。钻孔后锯削去除凹形部分余料，再锉削加工凹形部分的 7 个型面，保证深度尺寸 $15_0^{+0.03}$ mm、$30_0^{+0.03}$ mm 和尺寸 A 与 B。

（4）锯削，保证尺寸 45 ± 0.3mm。

（5）清理毛刺，棱边倒钝。

制作

学生在规定时间内完成加工作业。

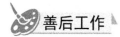

善后工作

学生按照 6S 要求整理实训设备及场地，填写日志，值日生做好值日工作。

学习评价

完成加工任务后，根据给出的标准进行评分，填写表 8-7。

表 8-7 评分记录表

考 核 要 求	配 分	评 定 标 准	自 评 得 分	教 师 评 分
$20_{-0.03}^{0}$mm	4	超差不得分		
$50_{-0.03}^{0}$mm	4	超差不得分		
$15_{0}^{+0.03}$mm （2 处）	2×4	超差不得分		
$30_{0}^{+0.03}$mm （2 处）	2×4	超差不得分		
80±0.02mm	4	超差不得分		
90±0.02mm	4	超差不得分		
45±0.3mm	2×1	超差不得分		
10mm	1	超差不得分		
⌰ 0.05 A （2 处）	2×6	超差不得分		
表面粗糙度 Ra3.2μm（22 处）	22×0.5	降低一级全扣		
表面粗糙度 Ra25μm（2 处）	2×0.5	降低一级全扣		
配合间隙≤0.04mm（9 处）	9×3	超差一处扣 3 分		
错位量≤0.06mm（2 处）	2×2	超差不得分		
安全文明生产	10	违者每次扣 5 分，扣完为止		
合计				

任务小结

凹凸尺寸配件的各项精度要求比较高，这样才能保证凹凸部分配合良好。加工过程中如不能保证各项精度，会导致尺寸超差、凹凸部分无法配入或配合间隙超差。凸形部分要按图示尺寸精度加工，凹形部分要严格按照凸形部分的实测尺寸来加工，否则会出现配合间隙超差。

学习活动 8 燕尾尺寸配件的加工

学习目标

（1）了解燕尾型面的加工工艺及方法。

（2）了解燕尾尺寸配件的测量方法。

（3）能熟练加工尺寸配件。

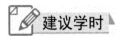 **建议学时**

12 学时

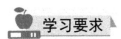 **学习要求**

（1）掌握燕尾尺寸配件的加工工艺及方法。

（2）掌握燕尾尺寸配件的间接测量方法。

工作任务

任务内容是燕尾尺寸配件的加工。

1．工件图

工件图如图 8-21 所示。

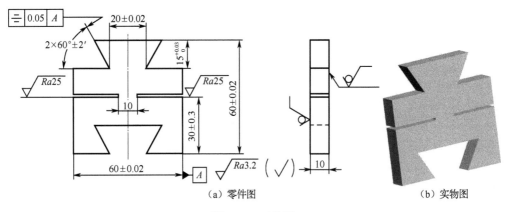

（a）零件图　　　　　　　　　　　　（b）实物图

图 8-21　工件图

2．工作前的准备

（1）准备划针、锯弓、锯条、锉刀、钢直尺、刀口直角尺、千分尺、深度千分尺、游标卡尺、高度游标卡尺、万能角度尺、塞尺、杠杆百分表、磁力表座、量块、标准麻花钻、检验棒、平板和 V 形架。

（2）准备台虎钳、台式钻床和砂轮机。

（3）准备 Q235 或 45 钢材料，规格为 (60 ± 0.02)mm×$6(0\pm0.02)$mm×10mm，如图 8-22 所示。

3．任务分析

加工燕尾尺寸配件须采用间接测量法，凸形部分采用图 6-5 所示的计算方法，凹形部分采用图 8-19 所示的尺寸链计算方法。

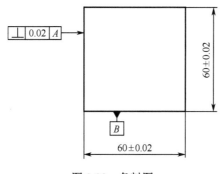

图 8-22　备料图

4．实训步骤

（1）划线。

（2）加工凸形部分。锯削去除右侧的余料（左侧作为基准要保留），再用锉削的方法加工。先加工燕尾深度尺寸 $15^{+0.03}_{0}$ mm 的面，再加工 60°±2′角的另一面，并用一根检验棒间接测量右侧燕尾型面的位置尺寸。最后加工凸形燕尾左侧型面，方法同加工凸形燕尾右侧型面，用两根检验棒来间接测量两燕尾的间距尺寸。

（3）加工凹形部分。先钻孔，然后锯削去除凹形燕尾余料，再用锉削的方法加工凹形燕尾的 3 个型面。凹形部分尺寸通过尺寸链计算法来确定，凹形左右两部分尺寸测量方法与图 8-15 所示 M_1 尺寸测量方法相同。

（4）锯削，保证尺寸 30±0.3mm，并控制好 10mm 的宽度尺寸。

（5）清理毛刺，棱边倒钝。

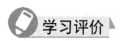 制作

学生在规定时间内完成加工作业。

善后工作

学生按照 6S 要求整理实训设备及场地，填写日志，值日生做好值日工作。

学习评价

完成任务后，根据给出的标准进行评分，填写表 8-8。

表 8-8　评分记录表

考核要求	配分	评定标准	自评得分	教师评分
20±0.02mm	5	超差不得分		
$15^{+0.03}_{0}$ mm（2 处）	2×5	超差不得分		
60±0.02mm（2 处）	2×5	超差不得分		
60°±2′（2 处）	2×5	超差不得分		
10mm	2	超差不得分		

续表

考 核 要 求	配 分	评 定 标 准	自 评 得 分	教 师 评 分
30±0.3mm	2×3	超差不得分		
▱ | 0.05 | A	6	超差不得分		
表面粗糙度 Ra3.2μm（14处）	14×1	降低一级全扣		
表面粗糙度 Ra25μm（2处）	2×1	降低一级全扣		
配合间隙≤0.04mm（5处）	5×5	超差一处扣3分		
安全文明生产	10	违者每次扣5分，扣完为止		
合计				

任务小结

运用三角函数公式、尺寸链计算公式时出现计算错误，会造成工件加工尺寸错误，导致工件锯断后凹凸部分无法配入或配合间隙超差。任务中使用的测量检验棒精度要高，千分尺要用量块校核。测量前要清理工件毛刺，以免影响工件测量精度。

学习活动 9　合拼燕尾尺寸配件的加工

学习目标

（1）会使用正弦规测量燕尾型面。
（2）能熟练加工尺寸配件。

建议学时

12 学时

学习要求

（1）掌握合拼燕尾尺寸配件的加工工艺及方法。
（2）掌握等高对比测量法。
（3）熟练运用三角函数推算燕尾型面间的尺寸。

工作任务

任务内容是合拼燕尾尺寸配件的加工。

1．工件图

工件图如图 8-23 所示。

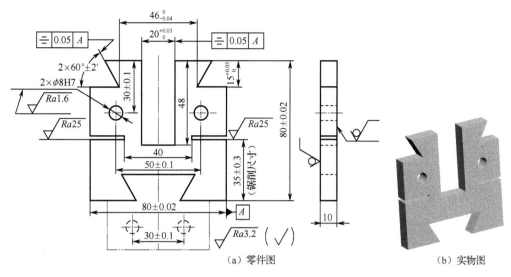

（a）零件图　　　　　（b）实物图

图 8-23　工件图

2. 工作前的准备

（1）准备划针、锯弓、锯条、锉刀、钢直尺、刀口直角尺、千分尺、深度千分尺、游标卡尺、高度游标卡尺、塞尺、杠杆百分表、磁力表座、量块、标准麻花钻、检验棒、平板和 V 形架。

（2）准备台虎钳、台式钻床和砂轮机。

（3）准备 Q235 或 45 钢材料，规格为(80±0.02)mm×(80±0.02)mm×10mm，如图 8-24 所示。

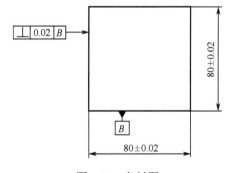

图 8-24　备料图

3. 任务分析

为了保证工件的配合间隙及配合后的错位量等，工件加工面的尺寸精度和形位精度要求较高。因此，工件的尺寸尽量采用量块、杠杆百分表、磁力表座进行等高对比测量。

4. 实训步骤

（1）划线。

（2）加工 $20^{+0.03}_{0}$ mm×48mm 开口槽。采用锯削方法去除开口槽的余料，再用锉削的方法加工，采用等高对比测量法测量，间接保证开口尺寸 $20^{+0.03}_{0}$ mm，用游标卡尺测量槽深 48mm。

（3）加工燕尾凸形部分。

① 加工燕尾凸形部分左侧型面，采用锯削方法去除余料，再用锉削的方法加工。采用图 6-8 所示的测量方法，把工件放在与水平基准面呈 30°的正弦规上，使加工的燕尾型面与

水平基准面平行，工件测量基准与正弦规前挡板紧贴，工件侧面紧贴正弦规侧挡板。工件应去毛刺，正弦规应擦干净，否则会影响测量精度。量块组合的高度等于燕尾型面到水平基准面的距离。采用等高对比测量法测量燕尾型面和深度尺寸 $15_{0}^{+0.03}$ mm，并保证角度 60° ±2′。

② 用上述方法加工燕尾凸形部分右侧型面，用两根检验棒和千分尺间接测量尺寸 $46_{-0.04}^{0}$ mm。

（4）加工燕尾凹形部分。采用锯削方法去除凹形燕尾的余料，再用锉削的方法加工凹形燕尾的 3 个型面。两斜面的测量方法与燕尾凸形部分相同。为保证凹形燕尾与凸形燕尾有 0～0.04mm 的配合间隙，配做凹形燕尾也采用入体原则，其公差应根据凸形燕尾实测情况而定。

（5）孔加工。按位置要求钻、扩、铰两个 ϕ8H7mm 孔。

（6）锯削，保证尺寸 35±0.3mm，并控制好 40mm 的宽度尺寸。

（7）清理毛刺，棱边倒钝。

制作

学生在规定时间内完成加工作业。

善后工作

学生按照 6S 要求整理实训设备及场地，填写日志，值日生做好值日工作。

学习评价

完成任务后，根据给出的标准进行评分，填写表 8-9。

表 8-9　评分记录表

考核要求	配分	评定标准	自评得分	教师评分
$20_{0}^{+0.03}$ mm	4	超差不得分		
$46_{-0.04}^{0}$ mm	4	超差不得分		
$15_{0}^{+0.03}$ mm （2 处）	2×4	超差不得分		
80±0.02mm（2 处）	2×4	超差不得分		
60° ±2′（2 处）	2×4	超差不得分		
48mm	0.5	超差不得分		
50±0.1mm	3	超差不得分		
30±0.1mm（3 处）	3×3	超差不得分		
40mm	0.5	超差不得分		
ϕ8H7mm（2 处）	2×3	超差不得分		
35±0.3mm	2×1	超差不得分		
⟋	0.05	A	4	超差不得分		
表面粗糙度 Ra1.6μm（2 处）	2×1	降低一级全扣		
表面粗糙度 Ra3.2μm（18 处）	18×0.5	降低一级全扣		
表面粗糙度 Ra25μm（2 处）	2×0.5	降低一级全扣		

续表

考 核 要 求	配　　分	评 定 标 准	自 评 得 分	教 师 评 分
配合间隙≤0.04mm（7 处）	7×3	超差一处扣 3 分		
安全文明生产	10	违者每次扣 5 分，扣完为止		
合计				

任务小结

尺寸配件是另一种钳工锉配工件，其锉配方法主要是通过控制各尺寸精度来保证配合间隙，因此加工过程中控制尺寸精度比较重要。有的尺寸在工件图中未标注尺寸精度，要通过计算才能知道，因此要懂得这些尺寸精度的计算方法，这样在锉削时才能控制测量精度。除此之外，各配合面的平面度、垂直度及清角工作同样重要。

第二部分

钳加工综合技能

学习任务九 开瓶器的制作

学习目标

完成本学习任务后，应当具备以下能力。

（1）能通过各种渠道获取信息，向老师咨询信息的可靠性，并表述所获取的材料、价格、形状等信息。

（2）能绘制开瓶器工件图。

（3）能根据工件图，利用划线工具在毛坯上划出开瓶器的轮廓。

（4）能使用钳工工具或设备去除工件余料。

（5）能按照绘制的开瓶器工件图，正确选用锉刀加工开瓶器轮廓。

（6）能对常用钳工工具进行维护和保养。

（7）能按6S管理要求清理实训场地。

（8）能与老师及同学协作与沟通。

（9）能进行成果展示、评价和总结。

建议学时

36学时

工作流程与活动

（1）接受工作任务，明确工作要求。

（2）工作准备。

（3）制订工作计划。

（4）制作过程。

（5）交付验收。

（6）成果展示、评价与总结。

学习任务描述

机械设备维修工除了要有维修设备的技能外，还要有一定的手工制作能力。请设计并制作一个开瓶器，要求开瓶器造型美观，能够开酒瓶和饮料瓶，并且能够挂在钥匙圈上。

学习活动 1　接受工作任务，明确工作要求

学习目标

（1）能通过各种渠道获取开瓶器的相关信息。
（2）能向老师咨询信息的可靠性。
（3）能表述所获取的信息，包括开瓶器的材料、价格、形状和功能。
（4）能主动与老师、同学进行交流与沟通。

建议学时

4 学时

学习准备

（1）学习用具、工作页、多媒体及网络设备。
（2）教材：《机械制图》《金属材料与热处理》《钳工工艺学》《钳工技能训练》等。
（3）参考资料：《钳工手册》《机械设计手册》等。

学习过程

一、情景再现

教师组织学生即兴表演，再现聚会时因没有开瓶器而无法喝到饮料的尴尬情境及采取的措施。

二、填写派工单

填写生产派工单，见表 9-1。

三、任务要求

（1）通过上网查阅或市场调研，收集开瓶器相关资料（样式、功能、材料），绘制开瓶器图样，并依照图样独立完成开瓶器的加工制作。
（2）填写派工单，领取材料和工具，检测毛坯材料。
（3）手工绘制开瓶器的零件图。
（4）4～6 人为一小组进行讨论，制订小组工作计划，确定加工工艺并填写加工工艺流程表，在规定时间内完成加工作业。
（5）以最经济、安全、环保的方式确定加工过程，并按照技术标准实施。在整个生产作业过程中要遵守 6S 管理要求。

表 9-1　开瓶器生产派工单

生 产 派 工 单

单号：_____　　开单部门：_____　　开单人：_____

开单时间：____年___月___日　　接单人：_____（签名）

以下由开单人填写			
工作内容	查找开瓶器相关资料，设计并制作开瓶器	完成工时	6h
产品技术要求	1. 资料要齐全、准确 2. 产品要多样化，最终择优选用		
以下由接单人和确认方填写			
领取材料		成本核算	金额合计： 仓管员（签名） 年　月　日
操作者检测			（签名） 年　月　日

（6）在作业过程中实施过程检验，工件加工完毕且检验合格后交付使用，并填写工件评分表。

（7）在工作过程中学习相关理论知识，并完成相应的作业。

（8）对已完成的工作进行记录及存档。认真完成自评和互评，以及作品展示和总结反馈工作。

 学习活动 2　工作准备

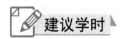 学习目标

（1）能够结合查找的资料绘制开瓶器图样。

（2）能计算产品成本，培养成本意识。

（3）能严格遵守安全规章制度及 6S 管理的相关内容，并能做好工作前的准备。

建议学时

4 学时

学习准备

（1）学习用具、工作页、多媒体及网络设备。

（2）教材：《机械制图》《金属材料与热处理》《钳工工艺学》《钳工技能训练》等。

（3）参考资料：《钳工手册》《机械设计手册》等。

（4）工、量、刃具：锯弓、锯条、钢直尺、锉刀、游标卡尺、高度游标卡尺、钻头、划规、划针、手锤、錾子、砂纸、半径规、直角尺、铸铁平板、V形架等。

（5）设备：台虎钳、砂轮机和钻床。

（6）备料：3mm厚不锈钢板料。

学习过程

一、资料收集与整理

（1）通过信息调研，指出开瓶器的主要用途，列举开瓶器的常用材料。

① 用途：_____

_____

_____

_____

② 材料（写出相应材料的名称和牌号）：_____

_____

_____

_____

（2）明确开瓶器材料的相关信息，填写表9-2。

表9-2　材料表

序　号	材　料　名　称	牌　　号	基　本　用　途	备　　注
1				
2				
3				

（3）展示开瓶器相关资料，如图9-1所示。

（a）带企业广告的开瓶器　　　　　　　（b）各种动物图样的开瓶器

图9-1　开瓶器

（c）卡通造型塑料手柄开瓶器

（d）可随身携带的开瓶器

（e）钥匙型开瓶器

（f）多功能瑞士军刀开瓶器

（g）带浮雕的金属开瓶器

图 9-1　开瓶器（续）

二、手工绘制产品图样

（1）根据所收集的开瓶器资料，画出自己准备制作的开瓶器图样。

（2）估算毛坯成本：＿＿＿＿＿＿＿＿＿＿＿＿＿＿＿＿＿＿＿＿。

三、选择工作过程中所需的工、量、刃具

分析自己设计的图样和毛坯，确定加工部位、加工顺序及加工设备和工具，从图 9-2 中挑选所需加工设备和工具，并填写表 9-3。

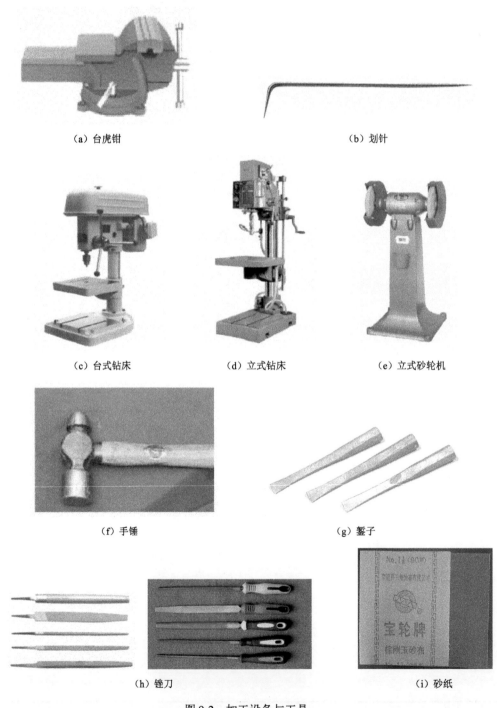

（a）台虎钳			（b）划针

（c）台式钻床　　　　　（d）立式钻床　　　　　（e）立式砂轮机

（f）手锤　　　　　　　　　　　（g）錾子

（h）锉刀　　　　　　　　　　（i）砂纸

图 9-2　加工设备与工具

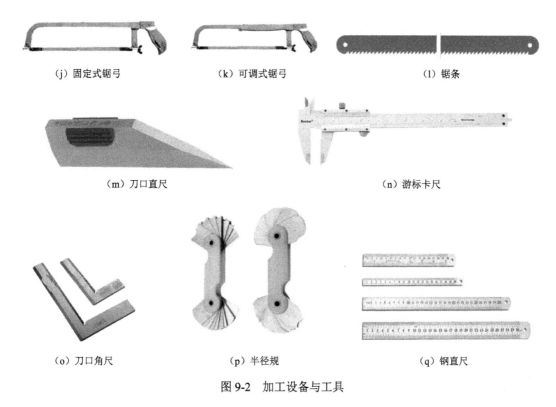

（j）固定式锯弓 （k）可调式锯弓 （l）锯条

（m）刀口直尺 （n）游标卡尺

（o）刀口角尺 （p）半径规 （q）钢直尺

图 9-2 加工设备与工具

表 9-3 工作过程中所需的工、量、刃具

工　具	
量　具	
刃　具	

四、引导问题

（1）请指出自己设计制作的开瓶器与市场上出售的开瓶器有什么不同。

_____

_____

_____

_____

_____

（2）机械制图中常用的线型共有 4 种，分别是实线、虚线、点画线及波浪线，在绘图过程中它们如何应用？

_____

_____

_____

_____

（3）机械制图中的视图有几个？开瓶器的零件图应画几个视图？

_____

_____

（4）金属材料基本知识。

① 金属的力学性能。

● 所谓力学性能是指金属在外力作用下所表现出来的性能。力学性能包括_____

_____

● 强度是_____

● 塑性是_____

● 硬度是_____

● 硬度分_____硬度、_____硬度和_____硬度。

● 冲击韧性是_____

_____

● 疲劳强度是_____

_____

② 金属的工艺性能。

● 工艺性能指金属材料对不同加工工艺方法的适应能力，它包括_____

_____

● 铸造性能是_____

● 锻造性能是_____

● 焊接性能是_____

● 切削加工性能是_____

③ 金属的晶体结构。

● 晶体是_____

● 金属晶格的类型有_____

_____

④ 纯金属的结晶。

● 纯金属的结晶过程是_____

_____

_____

_____

● 晶粒大小对金属力学性能的影响有_____

_____

● 金属的同素异构转变是_____

_____

（5）制作键用什么金属材料？

_____

_____

_____

_____

（6）请写出 6S 管理的有关内容。

_____

_____

_____

_____

_____

学习活动3　制订工作计划

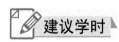学习目标

（1）能对照绘制的图样编写产品的加工工艺。

（2）能熟练制订小组工作计划及安全防护措施。

（3）能根据自己的设计理念，编制产品检验标准。

建议学时

4 学时

学习准备

（1）学习用具、工作页、多媒体及网络设备。

（2）教材：《机械基础》《机械制图》《金属材料与热处理》《钳工工艺学》《钳工技能训练》等。

（3）参考资料：《钳工手册》《机械设计手册》等。

（4）工、量、刃具：锯弓、锯条、钢直尺、锉刀、游标卡尺、高度游标卡尺、钻头、划规、划针、手锤、錾子、砂纸、半径规、直角尺、铸铁平板、V形架等。

（5）设备：台虎钳、砂轮机和钻床。

（6）备料：3mm厚不锈钢板料。

学习过程

☺ **操作过程指引提示：**

（1）产品加工包括划线、锯削或錾削去除余料、锉削加工、精加工和抛光四大步骤。

（2）夹持产品时应配有软钳口，以防夹伤产品表面。

一、制订加工工艺

制订加工工艺并填写表9-4。

表9-4　加工工艺流程表

组别		组员			组长	
产品分析						
制订加工工艺						
备注						

二、制订小组工作计划

三、小组讨论产品检验标准

四、引导问题

（1）你在开瓶器加工前的准备工作中学到了什么？

（2）不锈钢的牌号有哪些？它们各自的特点是什么？

学习活动 4　制作过程

学习目标

（1）能安全使用钻床钻排料孔。
（2）能正确使用锯子去除余料。
（3）能正确选用锉刀加工工件外形。
（4）能用正确的方法对工件进行抛光。
（5）能按 6S 管理要求清理实训场地，并逐步养成安全文明生产的习惯。
（6）能与老师、同学协作与沟通。

建议学时

14 学时

学习准备

（1）学习用具、工作页、多媒体及网络设备。
（2）教材：《机械基础》《机械制图》《金属材料与热处理》《钳工工艺学》《钳工技能训练》等。
（3）参考资料：《钳工手册》《机械设计手册》等。
（4）工、量、刃具：锯弓、锯条、钢直尺、锉刀、游标卡尺、高度游标卡尺、钻头、划规、划针、手锤、錾子、砂纸、半径规、直角尺、铸铁平板、V 形架等。
（5）设备：台虎钳、砂轮机和钻床。
（6）备料：3mm 厚不锈钢板料。

学习过程

过程指引提示：
（1）加工工艺正确，才能保证加工质量。
（2）产品材料比较薄，锉削或锯削加工时不宜夹持过高，以免变形。
（3）零件抛光工序不能有误，应遵循锉削修光、砂纸抛光、抛光轮研磨抛光三个步骤。

一、引导问题

（1）錾削加工过程中砸伤手怎么办？如何避免？

_____

_____

（2）如果选用钻床钻排料孔，在使用过程中应注意什么？

（3）在锉削过程中，你使用了哪几种锉刀？

（4）抛光砂纸有哪些型号？

（5）抛光加工的原理是什么？

二、制作

学生按自己绘制的图纸及编写的加工工艺，在规定时间内完成加工作业。

三、善后工作

学生按照 6S 要求整理实训设备及场地，填写日志，值日生做好值日工作。

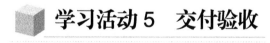

学习活动 5　交付验收

学习目标

（1）能根据自己的设计理念和产品特点，熟练地判断产品是否达到了设计目标。
（2）能根据检验标准检测产品。

建议学时

2 学时

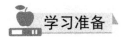

学习准备

（1）学习用具、工作页、多媒体及网络设备。

（2）教材：《机械基础》《机械制图》《金属材料与热处理》《钳工工艺学》《钳工技能训练》等。

（3）参考资料：《钳工手册》《机械设计手册》等。

学习过程

完成工件的制作后，根据给出的标准对工件进行评分，填写表 9-5。

表 9-5　工件评分表

序号	考核要求	配分	评定标准	自评得分	教师评分
1	实用性	25	能开瓶		
2	设计新颖性	25	形状独特		
3	美观性	25	表面抛光且图案精美		
4	携带方便性	15	能方便地挂在钥匙扣上		
5	安全文明生产	10	酌情扣分，扣完为止		
6	合计				

学习活动 6　成果展示、评价与总结

学习目标

（1）能自信地展示自己的作品，讲述自己作品的优势和特点。

（2）能倾听别人对自己作品的点评。

（3）能听取别人的建议并加以改进。

（4）会对自己的工作进行总结。

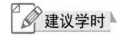

建议学时

6 学时

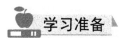

学习准备

（1）学习用具、工作页、多媒体及网络设备。

（2）教材：《机械基础》《机械制图》《金属材料与热处理》《钳工工艺学》《钳工技能训练》等。

（3）参考资料：《钳工手册》《机械设计手册》等。

学习过程

一、成果展示

1．展示前的准备工作

小组成员收集资料，制作 PPT 或展板。

2．展示过程

各小组派代表将制作好的开瓶器拿出来展示，并由讲解人员做必要的介绍。在展示的过程中，以组为单位进行评价。评价完成后，归纳并总结其他组成员的意见。

二、评价

1．评价标准

本任务的评价标准见表 9-6。

表 9-6　学习过程评价表

班级		姓名		学号		配分	自评分	互评分	教师评分
课堂	1．课堂上回答问题 2．完成引导问题					2×6			
平时表现评价	1．实训期间出勤情况 2．遵守实训纪律情况 3．每天的实训任务完成质量 4．实训岗位卫生情况					4×2			
综合专业技能水平	基本知识	1．熟悉机械工艺基础知识，掌握工件加工工艺流程 2．识图能力强，掌握公差与配合的概念和术语，懂得相关专业知识 3．掌握量具的结构、刻线原理及读数方法 4．了解钳工常用工具的种类和用途				4×3			
	操作技能	1．操作过程中动作、姿势正确 2．根据相关标准评出工件实际分数 3．熟悉质量分析，善于理论结合实际，提高自己的综合实践能力 4．动手能力强，掌握钳工专业各项操作技能，基本功扎实 5．熟悉加工工艺流程选择、工艺路线优化，能控制加工精度				5×5			

班级			姓名		学号		配分	自评分	互评分	教师评分
综合专业技能水平	工具使用	1. 正确使用工、量、刃具 2. 工、量、刃量摆放整齐，做好保管与维护工作					2×4			
	设备使用	1. 熟练操作钳工实训设备 2. 严格遵守机床操作规程和各工种安全操作规章制度，做好实训设备的维护与保养工作					2×3			
情感态度评价		1. 师生互动，团队合作 2. 有良好的劳动习惯，注重提高自己的动手能力 3. 积极与组员交流、合作 4. 动手操作的兴趣、态度、积极性					4×4			
资源使用		节约实训用品，合理使用材料					3			
安全文明生产		1. 遵守实训纪律，听从指导教师指挥 2. 掌握消防安全知识 3. 严格遵守安全操作规程、实训中心的规章制度 4. 发生重大事故者，取消实训资格，并且实训成绩为零分 5. 遵守 6S 管理要求					5×2			
合计										

2. 总评分

学生成绩总评表见表 9-7。

表 9-7 学生成绩总评表

序号	评分内容		成绩	百分比	得分
1	检测工件分（教师）			30%	
2	学习过程评价	学生自评分		20%	
		学生互评分		20%	
		教师评分		30%	
合计					

三、总结

（1）观看其他小组所展示的设计方案，对自己有哪些帮助？

_____

_____

_____

（2）在加工开瓶器的过程中有什么收获？

_____

_____

（3）检查并测量自己制作的开瓶器，回答如下问题。

① 开瓶器有哪些质量缺陷？

_____

_____

② 造成质量缺陷的原因有哪些？

_____

_____

③ 如果下次接到相似的任务，在加工过程中应注意哪些事项？

_____

_____

（4）填写学习情况反馈表（表 9-8）。

表 9-8　学习情况反馈表

序号	评 价 项 目	学习任务的完成情况
1	工作页的填写情况	
2	独立完成的任务	
3	小组合作完成的任务	
4	教师指导下完成的任务	
5	是否达到了学习目标	
6	存在的问题及建议	

🎨 学习拓展

（1）请根据实训情况，说明安全的重要性。

_____

_____

_____

（2）请写出几条关于安全方面的标语。

学习任务十 工具盒的制作

 **学习目标**

完成本学习任务后，应当具备以下能力。

（1）会手工绘制工件零件图，并具备一定的绘图知识。

（2）会对角钢材料进行成本计算。

（3）能读懂角钢弯形件的加工工艺。

（4）能看懂产品图样，会进行角钢下料前毛坯长度尺寸的计算。

（5）会选择合适的工具对角钢材料进行下料划线及角钢弯形制作。

（6）能根据下料要求，采用正确的锯削及锉削方法去除余量。

（7）能正确铆接底板和角钢。

（8）遵纪守法，有良好的合作精神和职业素养。

（9）能熟练地检测工件，判断工件是否合格。

（10）能熟练地进行成果展示、评价与总结。

建议学时

34 学时

工作流程与活动

（1）接受工作任务，明确工作要求。

（2）工作准备。

（3）制订工作计划。

（4）制作过程。

（5）交付验收。

（6）成果展示、评价与总结。

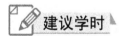 **学习任务描述**

机械设备维修要用到许多小工具和小零件，如内六角扳手、螺钉、螺母等。这些小工具和小零件可以收纳在工具盒中，方便归整及取用。请根据给出的材料及工件图样尺寸，手工制

作一个工具盒（焊接工作由焊工完成），如图 10-1 所示。材料：角钢∠30×3，薄钢板（长 200mm，宽 150mm，厚 1mm）。

图 10-1　工具盒

学习活动 1　接受工作任务，明确工作要求

 学习目标

（1）能读懂产品图样及产品结构。
（2）能熟练地填写派工单，并进行角钢材料的成本计算。
（3）明确任务要求。

 **建议学时**

2 学时

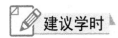 **学习准备**

（1）学习用具、工作页、多媒体及网络设备。
（2）教材：《机械基础》《机械制图》《金属材料与热处理》《钳工工艺学》《钳工技能训练》等。
（3）参考资料：《钳工手册》《机械设计手册》等。

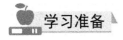 **学习过程**

一、产品图纸

该任务需要手工制作角钢弯形件，铆接铁皮底板，其装配图如图 10-2 所示。

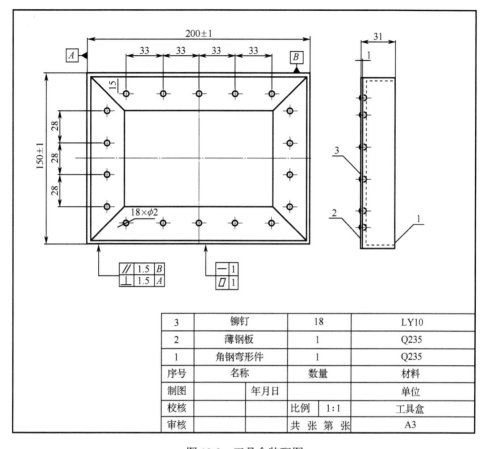

图 10-2　工具盒装配图

二、填写派工单

填写生产派工单，见表 10-1。

三、任务要求

（1）填写派工单，领取材料和工具，检测毛坯材料。

（2）读懂图样，并手工绘制工具盒的装配图。

（3）4～6 人为一组进行讨论，制订小组工作计划，确定加工工艺并填写加工工艺流程表，在规定时间内完成加工作业。

（4）以最经济、安全、环保的方式确定加工过程，并按照技术标准实施。在整个生产作业过程中要遵守 6S 管理要求。

（5）在作业过程中实施过程检验，工件加工完毕且检验合格后交付使用，并填写工件评分表。

（6）在工作过程中学习相关理论知识，并完成相应的作业。

（7）对已完成的工作进行记录及存档。认真完成自评与互评，进行作品展示和总结反馈。

表 10-1　工具盒生产派工单

生 产 派 工 单

单号：_____　　开单部门：_____　　开单人：_____

开单时间：____年__月__日　　接单人：_____（签名）

以下由开单人填写			
工作内容	按图纸尺寸加工工具盒	完成工时	8h
产品技术要求	1. 角钢进行 90° 弯形后，外角部分圆弧半径要小，内角部分的连接间隙要求小于 1mm 2. 角钢弯形后应无明显的锤击痕迹 3. 平面度和直线度误差应小于 1mm 4. 薄钢板大小合适，底边四角根据情况倒圆弧 5. 合理选择铆钉，确认铆钉通孔直径 6. 铆接后修整铆合头，要求外形美观		
以下由接单人和确认方填写			
领取材料		成本 核算	金额合计： 仓管员（签名） 年　月　日
操作者检测		（签名） 年　月　日	

学习活动 2　工作准备

学习目标

（1）能手工测绘角钢弯形件工件图，并具备一定的绘图知识。

（2）能说出钳工常用金属材料的牌号及其含义。

（3）学会角钢下料前毛坯长度尺寸的计算方法。

（4）能根据连接厚度确定铆钉杆径、通孔直径及铆钉长度。

（5）能做好工作前的准备。

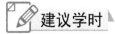

建议学时

6 学时

学习准备

（1）学习用具、工作页、多媒体及网络设备。

（2）教材：《机械基础》《机械制图》《金属材料与热处理》《钳工工艺学》《钳工技能训练》等。

（3）参考资料：《钳工手册》《机械设计手册》等。

（4）工、量、刃具：手锤、锯弓、锯条、钢直尺、锉刀、卷尺、千分尺、直角尺、高度游标卡尺、45°角尺、划针、铸铁平板、C 形夹、顶模、压紧冲头和 V 形架等。

（5）设备：台虎钳、砂轮机和钻床等。

（6）备料：角钢∠30×3（长 750mm），薄钢板 200mm×150mm×1mm。

学习过程

一、手工测绘工具盒的草图

在下方空白处绘制工具盒的草图。

二、绘制装配图

请用标准图纸手工绘制工具盒的装配图。

三、选择工作过程中所需的工、量、刃具

在表 10-2 中填写工作过程中所需的工、量、刃具。

表 10-2　工作过程中所需的工、量、刃具

工　具	
量　具	
刃　具	

四、引导问题

（1）了解钳工常用刀具材料及其牌号，完成表 10-3。

表 10-3　钳工常用刀具材料及其牌号

钳工常用刀具材料	常用刀具举例	常用牌号举例
碳素工具钢		
合金工具钢		
高速钢		
硬质合金		

（2）请写出角钢弯形前坯料长度的计算方法及计算公式。

_____

_____

_____

_____

_____

（3）确定铆接前铆钉的直径、铆钉杆长及通孔直径，完成表 10-4。

表 10-4 铆接前铆钉各项参数的确定

各项参数名称	查阅或参考资料名称	计 算 法	查 表 法
铆钉的直径			
铆钉杆长			
通孔直径			

（4）根据图片完成表 10-5。

表 10-5 工具表

图 片	名 称	用 途

续表

图　片	名　称	用　途
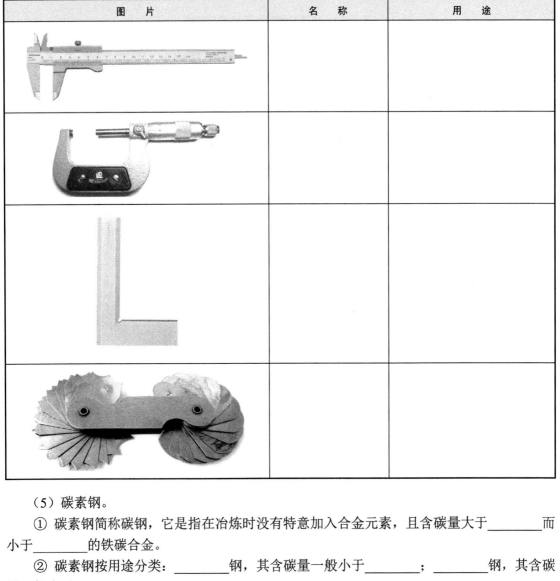		

（5）碳素钢。

① 碳素钢简称碳钢，它是指在冶炼时没有特意加入合金元素，且含碳量大于_____而小于_____的铁碳合金。

② 碳素钢按用途分类：_____钢，其含碳量一般小于_____；_____钢，其含碳量一般小于_____。

③ 写出碳素钢牌号的含义。

Q235 的含义：_____

45 的含义：_____

50Mn 的含义：_____

T12A 的含义：_____

ZG270-500 的含义：_____

学习活动 3 制订工作计划

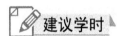 学习目标

（1）能读懂操作过程指引提示的内容。

（2）能根据制订的加工工艺进行正确操作。

（3）能较熟练地制订小组工作计划及安全防护措施。

建议学时

4 学时

学习准备

（1）学习用具、工作页、多媒体及网络设备。

（2）教材：《机械基础》《机械制图》《金属材料与热处理》《钳工工艺学》《钳工技能训练》等。

（3）参考资料：《钳工手册》《机械设计手册》等。

学习过程

操作过程指引提示：

（1）制作角钢弯形件。

① 对角钢进行检测，对其不平和扭曲处进行矫正。

② 计算工件每段的长度。

③ 锯削去除弯形量，并进行锉削修整。

④ 弯形时先把角钢第一段夹在台虎钳上，保证划线位置与台虎钳侧面平齐，然后用手抓住角钢伸出端，把角钢折弯，并用锤子锤击弯形部位；以此方法，按顺序分别对角钢第二、三段进行弯形。

⑤ 检验并修整，使工件符合图样尺寸要求。

（2）焊接角钢弯形件（由焊工完成）。

（3）制作底板。

① 对铁皮薄板进行检测，对其不平和扭曲处进行矫正。

② 根据角钢弯形件的实际尺寸在铁皮薄板上进行划线。

③ 剪裁铁皮薄板。

（4）铆接工具盒。

① 确定铆钉直径。

② 选择铆钉长度。

③ 选择铆钉孔直径。

④ 确定铆接间距和边距。

⑤ 对角钢弯形件和底板进行铆接。

一、制订加工工艺

制订加工工艺并填写表10-6。

表 10-6 加工工艺流程表

组别		组员		组长	
产品 分析					
制订 加工 工艺		1. 制作角钢弯形件 （1）对角钢进行检测，对其不平和扭曲处进行矫正 （2）计算工件每段的长度。角钢弯形第一段长度为200-3=197mm，第二段长度为144+0.5t=144+0.5×3=145.5mm，第三段长度为194+0.5t=194+0.5×3=195.5mm，第四段长度为147+0.5t=147+0.5×3=148.5mm（t=3mm，角钢厚度）。 根据计算值进行划线，如图1所示 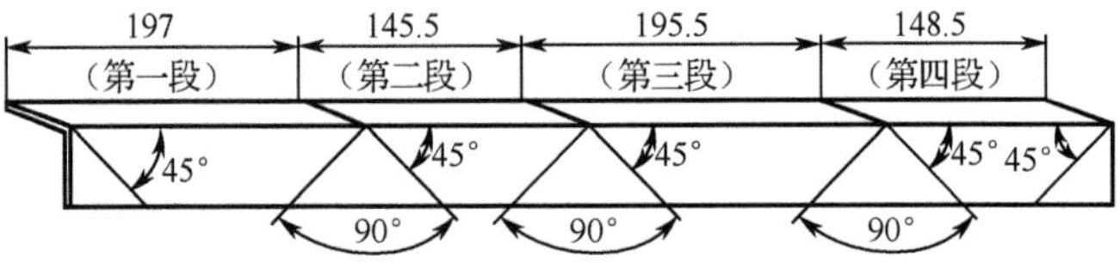 图 1 划线示意图 （3）锯削去除弯形量，并进行锉削修整 　　弯形时先把角钢第一段夹在台虎钳上，保证划线位置与台虎钳侧面平齐，然后用手抓住角钢伸出端，把角钢折弯，并用锤子锤击弯形部位；以此方法，按顺序分别对角钢第二、三段进行弯形 （4）检验并修整，使工件符合图样尺寸要求 2. 焊接角钢弯形件（由焊工完成） 3. 制作底板 （1）对铁皮薄板进行检测，对其不平和扭曲处进行矫正 （2）根据角钢弯形件的实际尺寸在铁皮薄板上进行划线 （3）按图2剪裁铁皮薄板 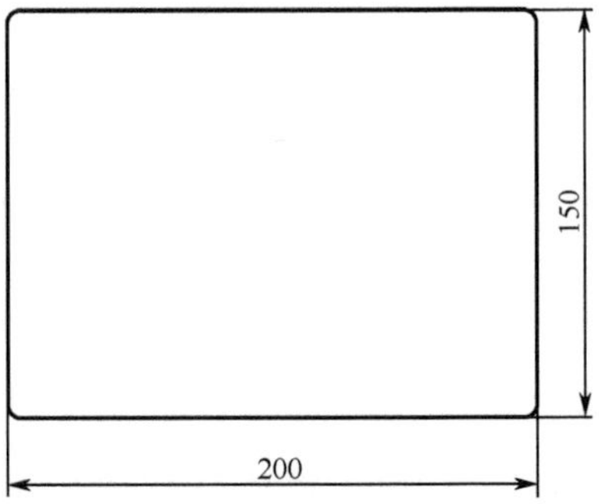 图 2 剪裁示意图			

续表

组别		组员		组长	
制订 加工 工艺	4. 铆接工具盒 （1）确定铆钉杆直径。连接最小板厚为1mm，因此铆钉杆直径为1×1.8=1.8mm，圆整后为2mm （2）选择铆钉长度。（1.25～1.5）×2+4（两板总厚）=（6.5～7）mm （3）选择铆钉孔直径。查表（GB/T 18194—2000和GB 152.1—1988）可知通孔直径为2.1mm （4）按图3和图4对角钢弯形件和底板钻孔并倒角 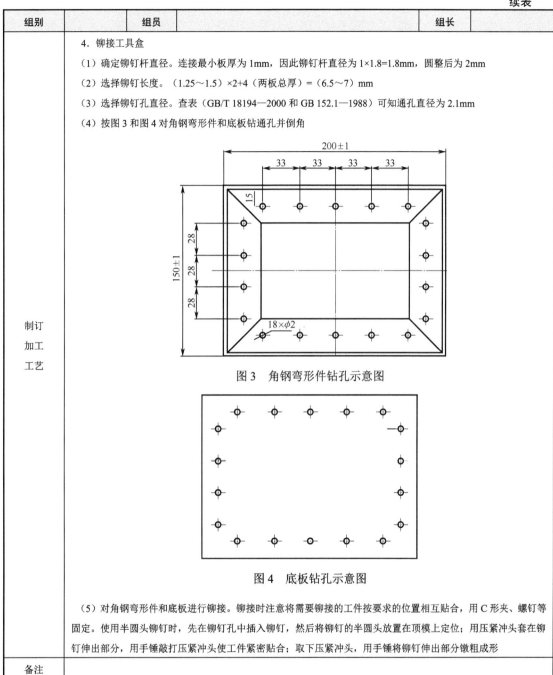 图3 角钢弯形件钻孔示意图 图4 底板钻孔示意图 （5）对角钢弯形件和底板进行铆接。铆接时注意将需要铆接的工件按要求的位置相互贴合，用C形夹、螺钉等固定。使用半圆头铆钉时，先在铆钉孔中插入铆钉，然后将铆钉的半圆头放置在顶模上定位；用压紧冲头套在铆钉伸出部分，用手锤敲打压紧冲头使工件紧密贴合；取下压紧冲头，用手锤将铆钉伸出部分镦粗成形				
备注					

二、制订小组工作计划

三、制订安全防护措施

学习活动4　制作过程

（1）掌握角钢的下料划线方法。
（2）能采用正确的锯削及锉削方法去除角钢余量。
（3）掌握角钢弯形的方法。
（4）会选择铆钉，能确认铆钉孔的直径。
（5）能正确地对薄板件进行铆接。
（6）能熟练地与相关人员沟通，获取解决问题的方法及措施。
（7）具有一定的职业素养。

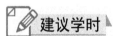

14学时

（1）学习用具、工作页、多媒体及网络设备。
（2）教材：《机械基础》《机械制图》《金属材料与热处理》《钳工工艺学》《钳工技能训练》等。
（3）参考资料：《钳工手册》《机械设计手册》等。
（4）工、量、刃具：手锤、锯弓、锯条、钢直尺、锉刀、卷尺、千分尺、直角尺、高度游标卡尺、45°角尺、划针、铸铁平板、C形夹、顶模、压紧冲头和V形架等。
（5）设备：台虎钳、砂轮机和钻床等。

（6）备料：角钢∠30×3（长 750mm），薄钢板 200mm×150mm×1mm。

学习过程

☺ **技能要点提示：**

（1）对角钢和底板进行检测后，对角钢和底板的不平和扭曲处进行矫正，要求无明显的锤击痕迹，平面度误差和直线度误差应小于 0.8mm。

（2）角钢下料时要用 45°角尺划线。为了保证工件的外形尺寸精度，下料时要根据角钢弯形长度计算值来划线。

（3）角钢进行 90°弯形后，外角部分圆弧半径要小，内角部分的连接间隙要求小于 1mm。角钢弯形后应无明显的锤击痕迹，平面度和直线度误差均应小于 0.8mm。

（4）将需要铆接的工件按要求的位置相互贴合，最好用 C 形夹、螺钉等固定。

（5）在将要铆接的位置上划线并钻孔，半圆头铆钉的孔口要倒角。

（6）铆钉要穿过工件上的铆钉孔。采用半圆头铆钉时，先将铆钉的半圆头放置在顶模上定位；用压紧冲头套在铆钉伸出部分，用手锤敲打压紧冲头使工件紧密贴合；取下压紧冲头，用手锤将铆钉伸出部分镦粗成形。

一、引导问题

（1）怎样计算角钢弯形前的坯料长度？

_____

_____

_____

_____

（2）矫正方法有哪些？如何矫正角钢扭曲？

_____

_____

_____

_____

（3）铆接方法有哪些？本工件采用热铆还是冷铆？

_____

_____

_____

_____

（4）铆钉杆径、通孔直径及铆钉长度如何确定？

_____

_____

_____

_____

（5）怎样进行角钢弯形？

_____

_____

_____

_____

（6）钻孔时装夹工件有什么要求？本工件加工孔时如何装夹？

_____

_____

_____

_____

（7）如图 10-3 所示是刃磨标准麻花钻，请写出刃磨方法。

_____

_____

_____

_____

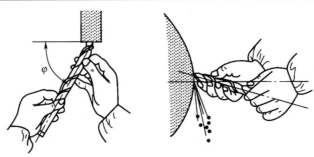

图 10-3　刃磨标准麻花钻

二、制作

学生在规定时间内完成加工作业。

三、善后工作

学生按照 6S 要求整理实训设备及场地，填写日志，值日生做好值日工作。

学习活动 5　交付验收

 学习目标

（1）能较熟练地检测工件，判断工件是否合格。
（2）能较熟练地按照评分要求进行评分。

建议学时

2 学时

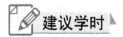 学习准备

（1）学习用具、工作页、多媒体及网络设备。
（2）教材：《机械基础》《机械制图》《金属材料与热处理》《钳工工艺学》《钳工技能训练》等。
（3）参考资料：《钳工手册》《机械设计手册》等。

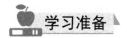 学习过程

完成工件制作后，根据给出的标准对工件进行评分，填写表 10-7。

表 10-7　工件评分表

序号	考核内容	配　分	评分标准	自评得分	教师评分
1	200±1mm	10	超差全扣		
2	150±1mm	10	超差全扣		
3	⊥ 1.5 A （4处）	2×4	超差全扣		
4	∥ 1.5 B （2处）	2×4	超差全扣		
5	▱ 1 （4处）	4×4	超差全扣		
6	— 1 （2处）	2×4	超差全扣		
7	角钢弯形后应无明显的锤击痕迹	5	超差全扣		

续表

序号	考核内容	配分	评分标准	自评得分	教师评分
8	内角部分的连接间隙要求小于1mm,外角部分圆弧半径要小（4处）	4×3	超差全扣		
9	半圆头铆钉杆径2.5～3mm	5	超差全扣		
10	通孔直径2.1～2.2mm	5	超差全扣		
11	铆钉长度6.5～7mm	5	超差全扣		
12	铆接后无明显歪斜及间隙	5	超差全扣		
13	安全文明生产	3	违者每次扣2分，扣完为止		
14	合计				

学习活动6　成果展示、评价与总结

 学习目标

（1）小组成员能进行作品展示。

（2）能较熟练地对自己及别人的工作进行较客观的评价。

（3）能较熟练地进行工作总结。

建议学时

6学时

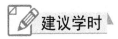 学习准备

（1）学习用具、工作页、多媒体及网络设备。

（2）教材：《机械基础》《机械制图》《金属材料与热处理》《钳工工艺学》《钳工技能训练》等。

（3）参考资料：《钳工手册》《机械设计手册》等。

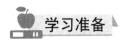 学习过程

一、成果展示

1. 展示前的准备工作

小组成员收集资料，制作PPT或展板。

2. 展示过程

各小组派代表将制作好的工具盒拿出来展示，并由讲解人员做必要的介绍。在展示的过程中，以组为单位进行评价。评价完成后，归纳并总结其他组成员的意见。

二、评价

1．评价标准

本任务的学习过程评价表见表 10-8。

表 10-8　学习过程评价表

班级		姓名		学号		配分	自评分	互评分	教师评分
课堂	1．课堂上回答问题 2．完成引导问题					2×6			
平时表现评价	1．实训期间出勤情况 2．遵守实训纪律情况 3．每天的实训任务完成质量 4．实训岗位卫生情况					4×2			
综合专业技能水平	基本知识	1．熟悉机械工艺基础知识，掌握工件加工工艺流程 2．识图能力强，掌握公差与配合的概念和术语，懂得相关专业知识 3．掌握量具的结构、刻线原理及读数方法 4．了解钳工常用工具的种类和用途				4×3			
	操作技能	1．操作过程中动作、姿势正确 2．根据相关标准评出工件实际分数 3．熟悉质量分析，善于理论结合实际，提高自己的综合实践能力 4．动手能力强，掌握钳工专业各项操作技能，基本功扎实 5．熟悉加工工艺流程选择、工艺路线优化，能控制加工精度				5×5			
	工具使用	1．正确使用工、量、刃具 2．工、量、刃具摆放整齐，做好保管及维护工作				2×4			
	设备使用	1．熟练操作钳工实训设备 2．严格遵守机床操作规程和各工种安全操作规章制度，做好实训设备的维护与保养工作				2×3			
情感态度评价	1．师生互动，团队合作 2．有良好的劳动习惯，注重提高自己的动手能力 3．积极与组员交流、合作 4．动手操作的兴趣、态度、积极性					4×4			
资源使用	节约实训用品，合理使用材料					3			
安全文明生产	1．遵守实训纪律，听从指导教师指挥 2．掌握消防安全知识 3．严格遵守安全操作规程、实训中心的规章制度 4．发生重大事故者，取消实训资格，并且实训成绩为零分 5．遵守 6S 管理要求					5×2			
合计									

2．总评分

进行总评，并填写学生成绩总评表，见表10-9。

表10-9　学生成绩总评表

序号	评分内容		成　绩	百 分 比	得　　分
1	检测工件分（教师）			30%	
2	学习过程评价	学生自评分		20%	
		学生互评分		20%	
		教师评分		30%	
合计					

三、总结

（1）本学习任务已结束，请写一篇总结报告。

_____

_____

_____

_____

_____

_____

_____

_____

_____

_____

_____

_____

_____

（2）你从本学习任务中获得了什么经验？

_____

_____

_____

_____

_____

_____

（3）填写学习情况反馈表，见表 10-10。

表 10-10　学习情况反馈表

序号	评 价 项 目	学习任务的完成情况
1	工作页的填写情况	
2	独立完成的任务	
3	小组合作完成的任务	
4	教师指导下完成的任务	
5	是否达到了学习目标	
6	存在的问题及建议	

学习拓展

（1）判断：矫正厚板时，锤击凸处即可。（　　）

（2）铆接用在什么地方？铆接的方法有哪些？

_____

_____

_____

_____

（3）如何将普通麻花钻刃磨成图 10-4 所示的薄板钻？

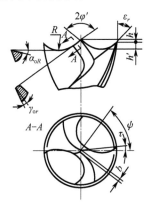

图 10-4　薄板钻

_____

_____

_____

学习任务十一　键的制作

 **学习目标**

完成本学习任务后，应当具备以下能力。

（1）能说出键的结构、种类及作用。

（2）能在教师的引导下填写派工单及计算材料成本。

（3）能说出金属材料的相关概念和术语。

（4）能识读产品图纸，手工测绘工件图，对照图样读懂加工工艺。

（5）能正确划线、锯削、锉削，对工件进行加工。

（6）能正确使用量具，对所使用的量具能按要求进行日常保养。

（7）工作过程中出现问题时，能与相关人员沟通，获取解决问题的方法及措施。

（8）能根据检测结果判断零件是否合格。

（9）能进行成果展示、评价与总结。

（10）能严格遵守规章制度，按规范穿戴劳保用品，按环保要求处理废弃物，有一定的职业素养。

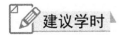 **建议学时**

32 学时

工作流程与活动

（1）接受工作任务，明确工作要求。

（2）工作准备。

（3）制订工作计划。

（4）制作过程。

（5）交付验收。

（6）成果展示、评价与总结。

学习任务描述

维修人员在设备维修过程中发现某设备上的一个平键已损坏，该平键是非标件，为了尽快把设备修好，必须手工制作平键，如图 11-1 所示。请根据给出的工件图纸尺寸，加工一个平键。

图 11-1　平键

学习活动 1　接受工作任务，明确工作要求

学习目标

（1）能识读产品图纸，明确工作任务要求，并在教师指导下进行人员分组。

（2）能在教师的引导下填写派工单及计算材料成本。

建议学时

2 学时

学习准备

（1）学习用具、工作页、多媒体及网络设备。

（2）教材：《机械基础》《机械制图》《金属材料与热处理》《钳工工艺学》《钳工技能训练》等。

（3）参考资料：《钳工手册》《机械设计手册》等。

学习过程

一、产品图纸

普通平键零件图如图 11-2 所示。

二、填写派工单

填写生产派工单，见表 11-1。

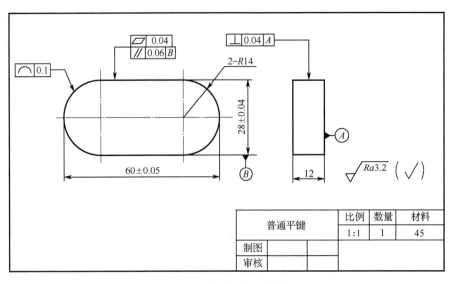

图 11-2　普通平键零件图

表 11-1　普通平键生产派工单

生 产 派 工 单

单号：_____　开单部门：_____　开单人：_____

开单时间：_____年___月___日　接单人：_____（签名）

以下由开单人填写			
工作内容	按图纸尺寸加工普通平键	完成工时	8h
产品技术要求	1. 尺寸最大值与最小值之差不超过 0.03mm 2. 工件锐角去毛刺		
以下由接单人和确认方填写			
领取材料		成本 核算	金额合计： 仓管员（签名） 年　月　日
操作者检测		（签名） 年　月　日	

三、任务要求

（1）填写派工单，领取材料和工具，检测毛坯材料。

（2）读懂图纸，并手工绘制工件图。

（3）4～6 人为一小组进行讨论，制订小组工作计划，填写加工工艺流程表，并在规定时间内完成加工作业。

（4）以最经济、安全、环保的方式确定加工过程，并按照技术标准实施。在整个生产作业过程中要遵守 6S 管理要求。

（5）在作业过程中实施过程检验，工件加工完毕且检验合格后交付使用，并填写工件评分表。

（6）在工作过程中学习相关理论知识，并完成相应的作业。

（7）对已完成的工作进行记录及存档。认真完成自评和互评，以及作品展示和总结反馈工作。

四、引导问题

如何进行材料成本计算？

☺ 提示：密度=质量÷体积，钢的密度是 7.85g/cm³。

长度为 60mm、宽度为 10mm、高度为 50mm 的钢件的质量是_____克。如果钢的价格为 4500 元/吨，那么该钢件的价钱是_____元。

学习活动 2　工作准备

学习目标

（1）能手工测绘键的零件图。

（2）了解键的结构、种类及作用。

（3）能说出金属材料的相关概念和术语。

（4）能准备工作过程中所需的工、量、刃具。

建议学时

6 学时

 学习准备

（1）学习用具、工作页、多媒体及网络设备。

（2）教材：《机械基础》《机械制图》《金属材料与热处理》《钳工工艺学》《钳工技能训练》等。

（3）参考资料：《钳工手册》《机械设计手册》等。

（4）工、量、刃具：锯弓、锯条、钢直尺、锉刀、游标卡尺、千分尺、半径规、90°角尺（刀口角尺）、高度游标卡尺、划规、平板和 V 形架。

（5）设备：台虎钳、砂轮机和钻床。

（6）备料：45 钢，规格 62mm×30mm×12mm。

学习过程

☺ **画零件草图的步骤提示：**

（1）根据视图数量布置视图位置。画出各视图的基准线、中心线。布图时要考虑在各视图之间留有标注尺寸的位置，并在右下角留有标题栏的位置。

（2）画出反映零件主要结构特征的主视图，按投影关系完成其他视图。

（3）选择基准，画出尺寸界线、尺寸线和箭头，要确保尺寸齐全、清晰、不遗漏、不重复，仔细核对后描深轮廓线并画出剖面线。

（4）测量尺寸并注写尺寸数字和技术要求，填写标题栏。

一、手工测绘普通平键的零件草图

在下方空白处画出普通平键的零件草图。

二、在标准图纸上绘制零件图

请在标准图纸上手工绘制平键的零件图。

三、选择工作过程中所需的工、量、刃具

在表 11-2 中填写工作过程中所需的工、量、刃具。

表 11-2　工作过程中所需的工、量、刃具

工　具	
量　具	
刃　具	

四、引导问题

1. 键连接

键连接主要用于实现轴与轴上零件（如齿轮、带轮等）之间的周向固定，并传递运动和扭矩，如图 11-3 所示。

（a）轴与齿轮的键连接　　　　　（b）轴与带轮的键连接

图 11-3　键连接

如图 11-4 所示为普通平键连接。在轴和轮毂上分别加工出键槽，装配时先将键嵌入轴的键槽内，再将轮毂上的键槽对准轴上的键，把轮子装在轴上。传动时，轴和轮子便一起转动。

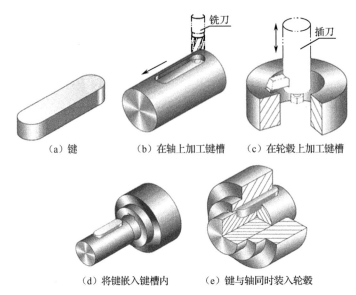

（a）键　　　　　（b）在轴上加工键槽　　　　　（c）在轮毂上加工键槽

（d）将键嵌入键槽内　　　　　（e）键与轴同时装入轮毂

图 11-4　普通平键连接

2．键连接的分类

常用的键连接有：_____键连接（图 11-5）、_____键连接（图 11-6）、_____键连接（图 11-7）、_____键连接（图 11-8）、_____键连接（图 11-9）。

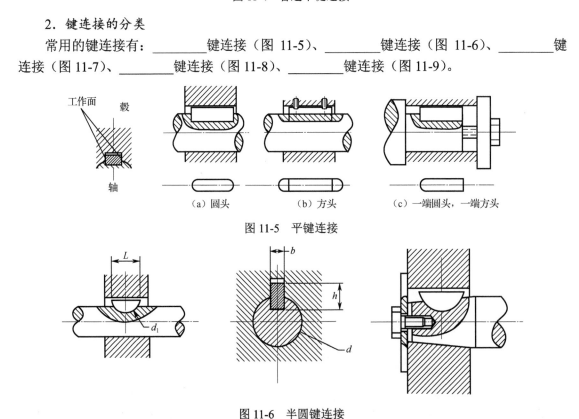

（a）圆头　　　　　（b）方头　　　　　（c）一端圆头，一端方头

图 11-5　平键连接

图 11-6　半圆键连接

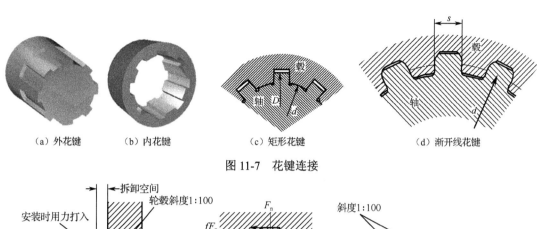

（a）外花键　　（b）内花键　　（c）矩形花键　　（d）渐开线花键

图 11-7　花键连接

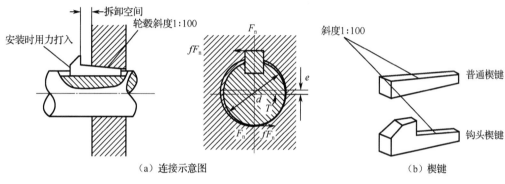

（a）连接示意图　　　　　　　　　　　　（b）楔键

图 11-8　楔键连接

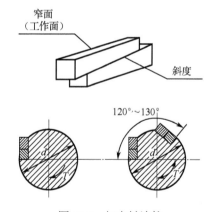

图 11-9　切向键连接

3．写出键的作用

_____

_____

_____

_____

_____

_____

4．铁碳合金

（1）通常把以铁及铁碳为主的合金（钢铁）称为_____，黑色金属分_____和

_____。

（2）合金是_____

（3）铁素体是_____

（4）渗碳体是_____

5．合金钢

（1）合金钢的分类与牌号。

① 按用途分类：_____、_____、_____。

② 按合金元素总含量分类：_____金钢，合金元素总含量_____；_____金钢，合金元素总含量_____；_____金钢，合金元素总含量_____。

③ 合金钢的牌号。

40Cr 的含义：_____

60Si2Mn 的含义：_____

38CrMoAlA 的含义：_____

18MnMoNbER 的含义：_____

9SiCr 的含义：_____

Cr12MoV 的含义：_____

W18Cr4V 的含义：_____

GCr15SiMn 的含义：_____

（2）合金结构钢。

① 通常按用途及热处理特点不同，可将合金结构钢分为_____、

_____、_____、_____、

_____等几类。

② 常用合金结构钢的牌号。

Q460 的含义：_____

20Cr 的含义：_____

20CrMn 的含义：_____

40Cr 的含义：_____

42CrMo 的含义：_____

65Mn 的含义：_____

GCr15 的含义：_____

（3）合金工具钢。

① 合金工具钢按用途可分为_____、_____、_____。

② 常用合金工具钢的牌号。

9SiCr 的含义：_____

9Mn2V 的含义：_____

W18Cr4VCo10 的含义：_____

（4）特殊性能钢。

① 不锈钢。

12Cr18Ni9 的含义：_____

10Cr17 的含义：_____

12Cr13 的含义：_____

② 耐热钢。

40Cr14Ni14W2Mo 的含义：_____

③ 耐磨钢。

ZGMn13 的含义：_____

学习活动3　制订工作计划

 **学习目标**

（1）能对照图样读懂加工工艺，并制订小组工作计划。

（2）能制订安全防护措施。

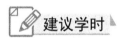 **建议学时**

4 学时

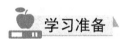 **学习准备**

（1）学习用具、工作页、多媒体及网络设备。

（2）教材：《机械基础》《机械制图》《金属材料与热处理》《钳工工艺学》《钳工技能训练》等。

（3）参考资料：《钳工手册》《机械设计手册》等。

学习过程

☺ 操作过程指引提示：

（1）以工件毛坯最大面为第一加工面，加工前可不划线，锉削表面达到平面度、垂直度、表面粗糙度要求即可。

（2）以第一面为划线基准面，划出对应面的加工界线。

（3）两端圆弧在两个大平面加工合格后再划线，先用高度游标卡尺划出工件两面的圆心，再用划规划出半圆弧线。

（4）加工半圆弧面时，应先锉削半圆弧面的顶点，保证顶点处半径尺寸，然后从顶点处把半圆弧面分成两段，每段圆弧面由两边向中间加工，直至用半径规在半圆弧面上转动测量时透光均匀，即符合要求。

一、制订加工工艺

制订加工工艺并填写表 11-3。

表 11-3　加工工艺流程表

组别		组员			组长	
产品 分析						
制订 加工 工艺	1. 按图样检查毛坯件的尺寸和形状 　2. 锉削基准面。以毛坯件一大面为基准面，先粗锉，然后细锉，用刀口直角尺检查平面度，达到技术要求后，基准面即加工完毕 　3. 划出第二加工面的加工界线。以基准面为依据划平行线，然后进行锯削、锉削加工，用千分尺控制平行度和尺寸公差 　4. 划两端圆弧面中的一端加工界线，并锉削加工该端圆弧面，用半径规测量圆弧度 　5. 以加工好的一端圆弧面为基准划另一端圆弧的圆心，然后用划规划出圆弧加工线。锯削后锉削圆弧面，用千分尺控制长度尺寸，用半径规测量圆弧度 　6. 工件去毛刺，检测合格后上交验收					
备注						

二、制订小组工作计划

三、引导问题

（1）制订工作中的安全防护措施。

（2）写出锉削的安全要求。

_____

_____

_____

_____

_____

（3）写出锯削的安全要求。

_____

_____

_____

_____

_____

_____

学习活动4　制作过程

（1）能进行划线、锯削和锉削加工。

（2）能正确使用量具，并能对所使用的量具进行日常保养。

（3）工作过程中出现问题时，能与相关人员沟通，获取解决问题的方法及措施。

（4）能严格遵守规章制度及6S管理要求，按规范穿戴劳保用品，按环保要求处理废弃物，有一定的职业素养。

12学时

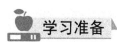

（1）学习用具、工作页、多媒体及网络设备。

（2）教材：《机械基础》《机械制图》《金属材料与热处理》《钳工工艺学》《钳工技能训练》等。

（3）参考资料：《钳工手册》《机械设计手册》等。

（4）工、量、刃具：锯弓、锯条、钢直尺、锉刀、游标卡尺、千分尺、半径规、90°角尺（刀口角尺）、高度游标卡尺、划规、平板和 V 形架。

（5）设备：台虎钳、砂轮机和钻床。

（6）备料：45 钢，规格 62mm×30mm×12mm。

🧰 学习过程

😊 技能要点提示：

（1）锉削、锯削的动作和姿势要正确，这是保证平面度、平行度、垂直度和圆弧面加工质量的关键，特别是圆弧面的锉削方法。

（2）划线时，圆弧面与两大面的连接线要划清楚，以便进行圆弧面的锉削加工。

（3）长度尺寸、平面度、平行度、垂直度和圆弧面的检测方法要正确。用半径规检测圆弧面时，应从圆弧面与两大面的连接处开始。

一、引导问题

（1）写出划线工具。

_____

_____

_____

（2）写出锉削方法。

_____

_____

_____

_____

_____

_____

（3）写出锯削方法。

_____

_____

_____

_____

_____

（4）如图 11-10（a）所示是锉削外圆弧面常用的_____锉法，如图 11-10（b）所示是锉削外圆弧面常用的_____锉法。

（a）方法1

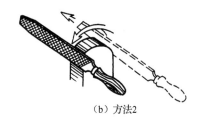
（b）方法2

图 11-10　锉削外圆弧面

（5）平面度、垂直度、平行度、尺寸精度和外圆弧的测量。

① 采用_____法测量工件的平面度误差。

② 用_____、_____检查工件的垂直度。

③ 平行度误差测量方法有两种，第一种是游标卡尺或外径千分尺测量法，该方法与尺寸精度测量方法相同，测量所得最大值与最小值之_____即是工件的平行度误差；第二种是百分表测量法，工件的平行度误差是量表最大读数值与最小读数值之_____。

④ 如图 11-11 所示，外圆弧用_____测量，在整个圆弧上转动检测，采用透光法判断误差大小，并根据误差情况修整。

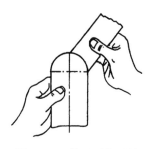

图 11-11　外圆弧的测量

二、制作

学生在规定时间内完成普通平键的制作。

三、善后工作

学生按照 6S 管理要求对实训场地、实训设备进行整理及清扫，并做好考核评分。

 学习活动 5　交付验收

学习目标

（1）能根据检测结果判断零件是否合格。

（2）能按照工件评分标准进行评分。

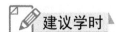

建议学时

2 学时

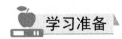

学习准备

（1）学习用具、工作页、多媒体及网络设备。

（2）教材：《机械基础》《机械制图》《金属材料与热处理》《钳工工艺学》《钳工技能训练》等。

（3）参考资料：《钳工手册》《机械设计手册》等。

学习过程

完成工件制作后，根据给出的标准对工件进行评分，并填写表 11-4。

表 11-4　工件评分表

序号	考 核 内 容	配　分	评 定 标 准	自 评 得 分	教 师 评 分
1	28±0.04mm	20	超差不得分		
2	60±0.05mm	20	超差不得分		
3	⌒ 0.1 （2处）	2×10	超差不得分		
4	▱ 0.04 （2处）	2×5	超差不得分		
5	// 0.06 B	4	超差不得分		
6	⊥ 0.04 A （2处）	2×3	超差不得分		
7	表面粗糙度 Ra3.2μm（4处）	4×5	超差不得分		
8	安全文明生产		每次扣 5 分		
9	合计				

学习活动 6　成果展示、评价与总结

学习目标

（1）小组成员能收集资料并进行作品展示。

（2）能对自己及别人的工作进行评价。

（3）能对自己的工作进行总结。

建议学时

6 学时

学习准备

（1）学习用具、工作页、多媒体及网络设备。

（2）教材：《机械基础》《机械制图》《金属材料与热处理》《钳工工艺学》《钳工技能训练》等。

（3）参考资料：《钳工手册》《机械设计手册》等。

学习过程

一、成果展示

1. 展示前的准备工作

小组成员收集资料，制作 PPT 或展板。

2. 展示过程

各小组派代表将制作好的平键拿出来展示，并由讲解人员做必要的介绍。在展示的过程中，以组为单位进行评价。评价完成后，归纳并总结其他组成员的意见。

二、评价

1. 评价标准

本任务的学习过程评价表见表 11-5。

表 11-5　学习过程评价表

班级		姓名		学号		配分	自评分	互评分	教师评分
课堂	1. 课堂上回答问题 2. 完成引导问题					2×6			
平时表现评价	1. 实训期间出勤情况 2. 遵守实训纪律情况 3. 每天的实训任务完成质量 4. 实训岗位卫生情况					4×2			
综合专业技能水平	基本知识	1. 熟悉机械工艺基础知识，掌握工件加工工艺流程 2. 识图能力强，掌握公差与配合的概念和术语，懂得相关专业知识 3. 掌握量具的结构、刻线原理及读数方法 4. 了解钳工常用工具的种类和用途				4×3			

续表

班级			姓名		学号		配分	自评分	互评分	教师评分
综合专业技能水平	操作技能	1. 操作过程中动作、姿势正确 2. 依据相关标准评出工件实际分数 3. 熟悉质量分析，善于理论结合实际，提高自己的综合实践能力 4. 动手能力强，掌握钳工专业各项操作技能，基本功扎实 5. 熟悉加工工艺流程选择、工艺路线优化，能控制加工精度					5×5			
	工具使用	1. 正确使用工、量、刃具 2. 工、量、刃具摆放整齐，做好保管及维护工作					2×4			
	设备使用	1. 熟练操作钳工实训设备 2. 严格遵守机床操作规程和各工种安全操作规章制度，做好实训设备的维护与保养工作					2×3			
情感态度评价		1. 师生互动，团队合作 2. 有良好的劳动习惯，注重提高自己的动手能力 3. 积极与组员交流、合作 4. 动手操作的兴趣、态度、积极性					4×4			
资源使用		节约实训用品，合理使用材料					3			
安全文明生产		1. 遵守实训纪律，听从指导教师指挥 2. 掌握消防安全知识 3. 严格遵守安全操作规程、实训中心的规章制度 4. 发生重大事故者，取消实训资格，并且实训成绩为零分 5. 遵守6S管理要求					5×2			
合计										

2. 总评分

填写学生成绩总评表，见表11-6。

表11-6 学生成绩总评表

序号	评分内容		成 绩	百 分 比	得 分
1	检测工件分（教师）			30%	
2	学习过程评价	学生自评分		20%	
		学生互评分		20%	
		教师评分		30%	
合计					

三、总结

（1）在以前的产品加工工作中，你遇到了哪些技术方面的困难，出现了哪些工作失误？

_____

_____

_____

_____

_____

（2）在以后的工作中你将如何避免类似失误的出现？

_____

_____

_____

_____

_____

（3）如何做好安全工作？

_____

_____

_____

_____

_____

_____

（4）填写学习情况反馈表，见表 11-7。

表 11-7　学习情况反馈表

序号	评 价 项 目	学习任务的完成情况
1	工作页的填写情况	
2	独立完成的任务	
3	小组合作完成的任务	
4	教师指导下完成的任务	
5	是否达到了学习目标	
6	存在的问题及建议	

学习拓展

　　锉削内圆弧的方法如图 11-12 所示。采用圆锉或半圆锉，锉削时锉刀要同时完成三个运动：向前运动、顺圆弧面向左或向右移动、绕锉刀中心线转动，才能使内圆弧面光滑、尺寸准确。

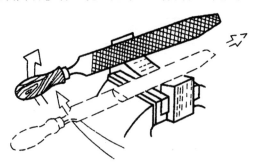

图 11-12　锉削内圆弧的方法

学习任务十二　金属手锤的制作

学习目标

完成本学习任务后，应当具备以下能力。

（1）会手工绘制手锤零件图，并具备一定的绘图知识。

（2）能独立进行材料成本核算。

（3）能熟练地划线、锉削，并能根据材料采用深缝锯削方法去除余量。

（4）能熟练地使用量具，会进行量具的日常保养。

（5）能熟练地进行孔加工及螺纹加工。

（6）有一定的热处理知识，能在教师指导下完成手锤淬硬的热处理。

（7）懂得如何与人沟通，严格遵守有关规范及安全要求，形成良好的职业素养。

（8）能熟练地根据检测结果判断零件是否合格。

（9）能熟练地进行成果展示、评价与总结。

建议学时

43 学时

工作流程与活动

（1）接受工作任务，明确工作要求。

（2）工作准备。

（3）制订工作计划。

（4）制作过程。

（5）交付验收。

（6）成果展示、评价与总结。

学习任务描述

维修人员在设备安装、维修或技术改造工作中需要使用手锤。请根据维修人员工作中的需要，制作一个金属手锤，如图 12-1 所示。要求用直径 ϕ30mm 的 T8 圆钢材料制作。

图 12-1　金属手锤

学习活动 1　接受工作任务，明确工作要求

学习目标

（1）能读懂产品图纸。
（2）明确工作任务要求。
（3）能填写派工单及独立进行材料成本核算。

建议学时

2 学时

学习准备

（1）学习用具、工作页、多媒体及网络设备。
（2）教材：《机械制图》《金属材料与热处理》《钳工工艺学》《钳工技能训练》等。
（3）参考资料：《钳工手册》《机械设计手册》等。

学习过程

一、产品图纸

金属手锤零件图如图 12-2 所示。

二、填写派工单

填写生产派工单如表 12-1 所示。

三、任务要求

（1）填写派工单，领取材料和工具，检测毛坯材料。
（2）读懂图纸，并手工绘制零件图。
（3）4～6 人为一小组进行讨论，制订小组工作计划，确定加工工艺并填写加工工艺流程表，在规定时间内完成加工作业。

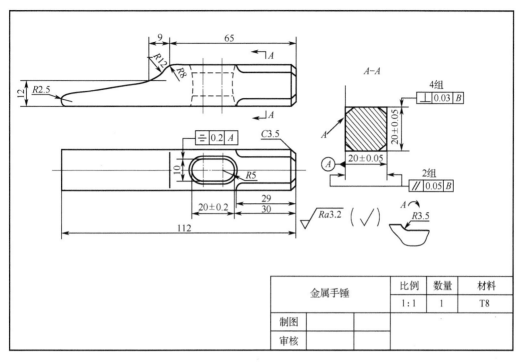

图 12-2　金属手锤零件图

表 12-1　金属手锤生产派工单

生 产 派 工 单

单号：_____　　开单部门：_____　　开单人：_____

开单时间：_____年___月___日　　接单人：_____（签名）

以下由开单人填写			
工作内容	按图纸尺寸加工金属手锤	总工时	18h
产品技术要求	1．未注公差按 IT12 2．工件两端热处理淬硬 3．锐边去毛刺		
以下由接单人和确认方填写			
领取材料		成本 核算	金额合计： 仓管员（签名） 年　月　日
操作者检测			（签名） 年　月　日

（4）以最经济、安全、环保的方式确定加工过程，并按照技术标准实施。在整个生产作业过程中要遵守 6S 管理要求。

（5）在作业过程中实施过程检验，工件加工完毕且检验合格后交付使用，并填写工件评分表。

（6）在工作过程中学习相关理论知识，并完成相应的作业。

（7）对已完成的工作进行记录及存档。认真完成自评和互评，以及作品展示和总结反馈工作。

学习活动 2　工作准备

学习目标

（1）能手工测绘零件图。

（2）有一定的热处理知识，了解金属手锤的热处理方法。

（3）能根据图样中的零件材料牌号，查阅资料，解释牌号含义。

（4）能说出工作过程中所需的工、量、刃具。

（5）能严格遵守安全规章制度及 6S 管理要求，并按规范穿戴劳保用品。

建议学时

6 学时

学习准备

（1）学习用具、工作页、多媒体及网络设备。

（2）教材：《机械制图》《金属材料与热处理》《钳工工艺学》《钳工技能训练》等。

（3）参考资料：《钳工手册》《机械设计手册》等。

（4）工、量、刃具：手锤、扁錾、锯弓、锯条、钢直尺、锉刀、游标卡尺、千分尺、90°角尺（刀口角尺）、高度游标卡尺、万能角度尺、钻头、划规、平板和 V 形架。

（5）设备：台虎钳、砂轮机和钻床。

（6）备料：T8 圆钢，规格 $\phi30\text{mm}\times115\text{mm}$。

一、手工测绘金属手锤的零件草图

在下方空白处绘制金属手锤的零件草图。

二、在标准图纸上绘制零件图

请在标准图纸上手工绘制金属手锤的零件图。

三、选择工作过程中所需的工、量、刃具

在表 12-2 中填写工作过程中所需的工、量、刃具。

表 12-2　工作过程中所需的工、量、刃具

工　具	
量　具	
刃　具	

四、引导问题

（1）T8 圆钢的含碳量是多少？

_____

_____

_____

_____

（2）为什么金属手锤要进行热处理？

_____

_____

_____

_____

_____

（3）填写表 12-3 中热处理的方法及目的。

表 12-3　热处理的方法与目的

热　处　理	方　　法	目　　的
退火		
正火		
淬火		
回火		
钢的渗碳		
调质		

（4）指出表 12-4 中的产品应采用淬火+低温回火、淬火+中温回火、淬火+高温回火中的哪种热处理。

表 12-4　产品的热处理

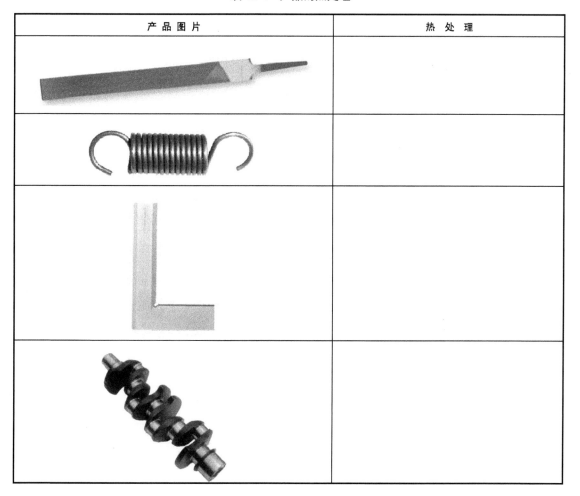

产　品　图　片	热　处　理

学习活动 3　制订工作计划

 学习目标

（1）能对照图样读懂加工工艺，并制订小组工作计划。
（2）能制订安全防护措施。

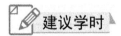 建议学时

3 学时

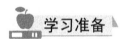 学习准备

（1）学习用具、工作页、多媒体及网络设备。
（2）教材：《机械制图》《金属材料与热处理》《钳工工艺学》《钳工技能训练》等。
（3）参考资料：《钳工手册》《机械设计手册》等。

学习过程

☺ 操作过程指引提示：

（1）先粗加工圆形毛坯件的两个端面，再进行下一步的划线工作；划线时，毛坯件要放在 V 形架上，防止毛坯件转动。

（2）加工圆形毛坯件的 4 个大面时，锯削完一面后，紧接着就锉削该面，达到要求后，再划线锯削下一面。

（3）将工件加工成 112mm×20mm×20mm 的长方体后，再进行下一步的划线工作。

（4）孔加工前，采用 $\phi9.5mm\sim\phi9.8mm$ 钻头钻孔。

（5）锉削 4 处 R3.5mm，应采用圆锉加工。

一、制订加工工艺

制订加工工艺并填写表 12-5。

表 12-5　加工工艺流程表

组别	组员			组长	
产品分析					

组别		组员		组长	
制订 加工 工艺	1．按图样检查毛坯件的尺寸和形状 2．划线。工件表面涂色，确定工件大面为基准面，划出加工界线 3．加工基准面（第一面）。划线后进行锯削，锯削后进行锉削粗加工，留有 0.1mm 的加工余量，然后细锉，并用 90°角尺检查平面度，达到技术要求后，基准面即加工完毕 4．加工第二面（与基准面平行的表面）。以第一面为基准面划平行加工界线，先锯削后锉削，用游标卡尺测量平行度和尺寸精度，达到技术要求后，第二面即加工完毕 5．加工第三面。划线后锯削，再锉削加工，用角尺通过基准面测量垂直面的垂直度，用 90°角尺检查平面度，达到技术要求后即加工完毕 6．加工第四面。第三面加工好后，即可划出该面平行线，然后进行第四面的加工，达到技术要求后即加工完毕 7．加工第五面。加工工件两端中的一端，保证端面与第一、二、三、四面垂直，达到技术要求 8．加工斜面。在工件两端中第五面相对的一端划出斜面线，先锯削后锉削加工斜面，同时加工出 R2.5mm 及 R12mm 圆弧面 9．倒角。先划线，后倒 4 处 45°角 10．孔加工。先钻孔，后用圆锉刀锉削加工，保证孔的两端口同样大 11．待工件检验后将工件两端热处理淬硬 12．工件检测合格后上交验收				
备注					

二、制订小组工作计划

_____

_____

_____

_____

_____

_____

_____

_____

_____

三、引导问题

1．制订热处理工作中的安全防护措施。

_____

_____

_____

_____

2．写出砂轮机的安全操作规程。

 学习活动 4　制作过程

 学习目标

（1）能熟练地进行划线、锯削、锉削及孔加工。
（2）能熟练地使用量具进行测量，并能对所使用的量具按要求进行日常保养。
（3）能对加工好的工件进行淬火热处理。
（4）懂得如何与人沟通，严格遵守有关规范及安全要求，形成良好的职业素养。

建议学时

24 学时

学习准备

（1）学习用具、工作页、多媒体及网络设备。
（2）教材：《机械制图》《金属材料与热处理》《钳工工艺学》《钳工技能训练》等。
（3）参考资料：《钳工手册》《机械设计手册》等。
（4）工、量、刃具：手锤、扁錾、锯弓、锯条、钢直尺、锉刀、游标卡尺、千分尺、90°角尺（刀口角尺）、高度游标卡尺、万能角度尺、钻头、划规、平板和 V 形架。
（5）设备：台虎钳、砂轮机和钻床。
（6）备料：T8 圆钢，规格 ϕ30mm×115mm。

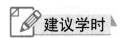 学习过程

☺ 技能要点提示：
（1）圆形毛坯件加工成长方体前的锯削及手锤斜面的锯削很关键，由于锯面长而宽，锯缝容易歪斜。
（2）钻孔时应避免向左右两边偏移过大。

一、引导问题

（1）本工件毛坯是圆形的，在划线时要注意什么？

_____

_____

_____

（2）锯削 T8 圆钢材料，应采用粗齿还是细齿锯条？为什么？

_____

_____

_____

（3）写出锉削圆孔的方法。

_____

_____

_____

_____

（4）钻孔时，如钻出的浅坑与划线圆发生偏位，如何校正？

_____

_____

_____

_____

_____

（5）扩孔用在什么场合？本工件需要扩孔吗？

_____

_____

_____

_____

_____

（6）写出金属手锤的淬火方法。

_____

_____

_____

_____

_____

二、制作

学生在规定时间内完成金属手锤的制作。

三、善后工作

学生按照 6S 要求对实训场地、实训设备进行整理及清扫，并做好考核评分。

学习活动 5 交付验收

学习目标

（1）能熟练地根据检测结果判断零件是否合格。
（2）能熟练地按照工件评分标准进行评分。

建议学时

2 学时

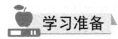
学习准备

（1）学习用具、工作页、多媒体及网络设备。
（2）教材：《机械制图》《金属材料与热处理》《钳工工艺学》《钳工技能训练》等。
（3）参考资料：《钳工手册》《机械设计手册》等。

学习过程

完成工件制作后，根据给出的标准对工件进行评分，并填写表 12-6。

表 12-6 工件评分表

序号	考核内容	配分	评定标准	自评得分	教师评分
1	20±0.05mm（2 处）	2×10	超差不得分		
2	20±0.20mm	10	超差不得分		

续表

序号	考核内容	配分	评定标准	自评得分	教师评分
3	112mm、30mm、10mm、$R3.5$mm（4 处）	4×6	超差不得分		
4	⏥ 0.2 A	8	超差不得分		
5	∥ 0.05 B（2 处）	2×3	超差不得分		
6	⊥ 0.03 B（4 处）	4×3	超差不得分		
7	表面粗糙度 $Ra3.2\mu m$（10 处）	10×2	超差不得分		
8	安全文明生产		每次扣 5 分		
9	合计				

 学习活动 6　成果展示、评价与总结

 学习目标

（1）小组成员能熟练地收集资料并进行作品展示。

（2）能对自己及别人的工作进行客观的评价。

（3）能对自己的工作进行总结。

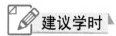 建议学时

6 学时

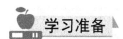 学习准备

（1）学习用具、工作页、多媒体及网络设备。

（2）教材：《机械制图》《金属材料与热处理》《钳工工艺学》《钳工技能训练》等。

（3）参考资料：《钳工手册》《机械设计手册》等。

学习过程

一、成果展示

1．展示前的准备工作

小组成员收集资料，制作 PPT 或展板。

2．展示过程

各小组派代表将制作好的金属手锤拿出来展示，并由讲解人员做必要的介绍。在展示的过程中，以组为单位进行评价。评价完成后，归纳并总结其他组成员的意见。

二、评价

1. 评价标准

学习过程评价表见表 12-7。

表 12-7　学习过程评价表

班级		姓名		学号	配分	自评分	互评分	教师评分
课堂	1. 课堂上回答问题 2. 完成引导问题				2×6			
平时表现评价	1. 实训期间出勤情况 2. 遵守实训纪律情况 3. 每天的实训任务完成质量 4. 实训岗位卫生情况				4×2			
综合专业技能水平	基本知识	1. 熟悉机械工艺基础知识，掌握工件加工工艺流程 2. 识图能力强，掌握公差与配合的概念和术语，懂得相关专业知识 3. 掌握量具的结构、刻线原理及读数方法 4. 了解钳工常用工具的种类和用途			4×3			
	操作技能	1. 操作过程中动作、姿势正确 2. 依据相关标准评出工件实际分数 3. 熟悉质量分析，善于理论结合实际，提高自己的综合实践能力 4. 动手能力强，掌握钳工专业各项操作技能，基本功扎实 5. 熟悉加工工艺流程选择、工艺路线优化，能控制加工精度			5×5			
	工具使用	1. 正确使用工、量、刃具 2. 工、量、刃具摆放整齐，做好保管及维护工作			2×4			
	设备使用	1. 熟练操作钳工实训设备 2. 严格遵守机床操作规程和各工种安全操作规章制度，做好实训设备的维护与保养工作			2×3			
情感态度评价	1. 师生互动，团队合作 2. 有良好的劳动习惯，注重提高自己的动手能力 3. 积极与组员交流、合作 4. 动手操作的兴趣、态度、积极性				4×4			
资源使用	节约实训用品，合理使用材料				3			
安全文明生产	1. 遵守实训纪律，听从指导教师指挥 2. 掌握消防安全知识 3. 严格遵守安全操作规程、实训中心的规章制度 4. 发生重大事故者，取消实训资格，并且实训成绩为零分 5. 遵守 6S 管理要求				5×2			
合计								

2．总评分

学生成绩总评表见表12-8。

表12-8　学生成绩总评表

序号	评分内容		成　绩	百　分　比	得　分
1	检测工件分（教师）			30%	
2	学习过程评价	学生自评分		20%	
		学生互评分		20%	
		教师评分		30%	
合计					

三、总结

（1）产品不合格的原因有哪些？如何排除？

_____

_____

_____

_____

_____

（2）本学习任务已结束，你有什么收获？

_____

_____

_____

_____

（3）填写学习情况反馈表，见表12-9。

表12-9　学习情况反馈表

序号	评价项目	学习任务的完成情况
1	工作页的填写情况	
2	独立完成的任务	
3	小组合作完成的任务	
4	教师指导下完成的任务	
5	是否达到了学习目标	
6	存在的问题及建议	

学习拓展

　　錾子的热处理如图 12-3 所示。淬火时把錾子（材料 T7 或 T8）切削部分约 20mm 长的一端，加热到 750℃～780℃（呈樱红色）后迅速取出，然后把錾子垂直放入冷水中冷却（浸入深度 5～6mm），并沿水面缓缓移动。当錾子露出水面的部分变成黑色时，将其由水中取出，利用錾子本身的余热进行回火，迅速擦去氧化皮，此时其颜色是白色。待其由白色变为黄色时，再将錾子全部浸入冷水中冷却的回火称为"黄火"；而待其由黄色变为蓝色时，再把錾子全部放入冷水中冷却的回火称为"蓝火"。

图 12-3　錾子的热处理

学习任务十三　平行夹的制作

学习目标

完成本学习任务后，应具备以下能力。

（1）会手工绘制平行夹的零件图及装配图。

（2）能熟练地进行材料成本计算，并具有成本意识。

（3）能读懂图纸及加工工艺，并按照加工工艺进行工件加工。

（4）能熟练地进行平面、圆弧面的锉削加工，并控制尺寸精度。

（5）会正确使用量具。

（6）会锪孔，并能熟练地攻内螺纹。

（7）有一定的金属材料知识，能说出常用的金属材料牌号及其含义。

（8）能与人沟通及合作，能严格遵守有关规范及安全要求，形成良好的职业素养。

（9）能熟练地检测工件，并判断工件是否合格。

（10）能熟练地进行成果展示、评价与总结。

建议学时

50 学时

工作流程与活动

（1）接受工作任务，明确工作要求。

（2）工作准备。

（3）制订工作计划。

（4）制作过程。

（5）交付验收。

（6）成果展示、评价与总结。

学习任务描述

机械维修人员在设备技术改造工作中需要使用平行夹，请根据给出的工件图样尺寸加工一个平行夹，如图 13-1 所示。

图 13-1　平行夹

学习活动 1　接受工作任务，明确工作要求

学习目标

（1）能读懂产品零件图及装配图。
（2）明确工作任务要求。
（3）能熟练地填写派工单，进行材料成本计算，并具有成本意识。

建议学时

2 学时

学习准备

（1）学习用具、工作页、多媒体及网络设备。
（2）教材：《机械制图》《金属材料与热处理》《钳工工艺学》《钳工技能训练》等。
（3）参考资料：《钳工手册》《机械设计手册》等。

学习过程

一、产品图纸

图 13-2 是平行夹装配图，图 13-3 是平行夹零件图。

二、填写派工单

填写平行夹生产派工单，见表 13-1。

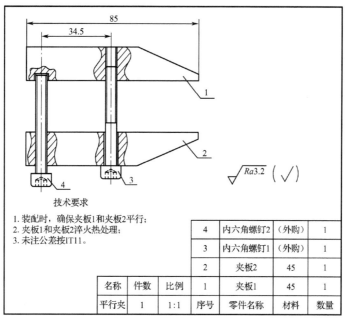

技术要求

1. 装配时，确保夹板1和夹板2平行；
2. 夹板1和夹板2淬火热处理；
3. 未注公差按IT11。

4	内六角螺钉2	（外购）	1
3	内六角螺钉1	（外购）	1
2	夹板2	45	1
名称	件数	比例	1	夹板1	45	1
平行夹	1	1:1	序号	零件名称	材料	数量

图 13-2　平行夹装配图

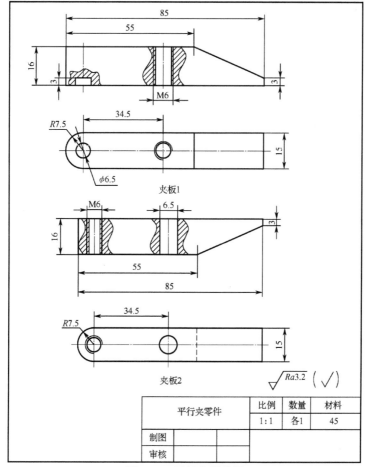

夹板1

夹板2

平行夹零件	比例	数量	材料
	1:1	各1	45
制图			
审核			

图 13-3　平行夹零件图

表 13-1 平行夹生产派工单

生 产 派 工 单

单号：_____ 　开单部门：_____ 　开单人：_____

开单时间：_____年___月___日 　接单人：_____（签名）

以下由开单人填写			
工作内容	按图纸尺寸加工平行夹	完成工时	24h
产品技术要求	1. 装配时，确保夹板 1 和夹板 2 平行 2. 夹板 1 和夹板 2 淬火热处理 3. 未注公差按 IT11		
以下由接单人和确认方填写			
领取材料		成本 核算	金额合计： 仓管员（签名） 年　月　日
操作者检测			（签名） 年　月　日

三、任务要求

（1）填写派工单，领取材料和工具，检测毛坯材料。

（2）读懂图纸，并手工绘制平行夹的零件图及装配图。

（3）4～6 人为一小组进行讨论，制订小组工作计划，确定加工工艺并填写加工工艺流程表，在规定时间内完成加工作业。

（4）以最经济、安全、环保的方式确定加工过程，并按照技术标准实施。在整个生产作业过程中要遵守 6S 管理要求。

（5）在作业过程中实施过程检验，工件加工完毕且检验合格后交付使用，并填写工件评分表。

（6）在工作过程中学习相关理论知识，并完成相应的作业。

（7）对已完成的工作进行记录及存档。认真完成自评和互评工作，以及作品展示和总结反馈工作。

学习活动2　工作准备

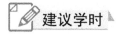

学习目标

（1）能手工测绘平行夹的零件图及装配图。

（2）了解平行夹的作用。

（3）有一定的金属材料知识，能说出常用的金属材料牌号及其含义。

（4）能严格遵守安全规章制度及6S管理要求，并能做好工作准备。

建议学时

6学时

学习准备

（1）学习用具、工作页、多媒体及网络设备。

（2）教材：《机械制图》《金属材料与热处理》《钳工工艺学》《钳工技能训练》等。

（3）参考资料：《钳工手册》《机械设计手册》等。

（4）工、量、刃具：手锤、扁錾、锯弓、锯条、钢直尺、锉刀、游标卡尺、千分尺、万能角度尺、90°角尺（刀口角尺）、高度游标卡尺、钻头、丝锥、铰手、平板和V形架。

（5）设备：台虎钳、砂轮机和钻床。

（6）备料：45钢，规格90mm×16mm×16mm（两块）；M6×50mm内六角螺钉（两个，外购）。

（7）其他辅助工具：C形夹。

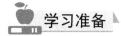

学习过程

一、手工测绘平行夹的零件草图

在下方空白处手工测绘平行夹的零件草图。

二、在标准图纸上绘制零件图

请在标准图纸上手工绘制平行夹的零件图。

三、选择工作过程中所需的工、量、刃具

在表 13-2 中填写工作过程中所需的工、量、刃具。

表 13-2　工作过程中所需的工、量、刃具

工　具	
量　具	
刃　具	

四、引导问题

（1）简述平行夹的作用。

_____

_____

_____

_____

（2）根据图片完成表 13-3。

表 13-3　金属材料表

图　片	名　称	牌号及其含义
	手用锯条	
	锉刀	
	錾子	

续表

图　片	名　称	牌号及其含义
	划线平板	
	齿轮	
	弹簧钢板	
	滚动轴承	
	不锈钢锅	

 学习活动3　制订工作计划

学习目标

（1）能对照图样读懂提示及加工工艺，能编写简单工件的加工工艺。

（2）能熟练制订小组工作计划及安全防护措施。

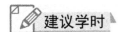
建议学时

2 学时

学习准备

（1）学习用具、工作页、多媒体及网络设备。

（2）教材：《机械制图》《金属材料与热处理》《钳工工艺学》《钳工技能训练》等。

（3）参考资料：《钳工手册》《机械设计手册》等。

学习过程

😊 **操作过程指引提示：**

（1）夹板 1 和夹板 2 按图纸要求分别加工。

（2）锯削夹板 1 和夹板 2 的斜面。起锯时应水平放置装夹工件，起锯深 1mm 左右后，再把锯缝垂直放置装夹工件锯削。

（3）两块夹板加工好后，划好线，将两块夹板合在一起用 C 形夹夹牢钻孔。

一、制订加工工艺

制订加工工艺并填写表 13-4。

表 13-4　加工工艺流程表

组别		组员			组长	
产品 分析						
制订 加工 工艺	1. 加工夹板 1 　（1）锉削加工尺寸 15mm 的两个平面中的一个，达到图纸上的平面度、平行度、垂直度、直线度和表面粗糙度要求。然后以此面为基准面划 15mm 的线，锯削去余量，再锉削加工，保证 15±0.05mm 尺寸精度，达到图纸上的平面度、平行度、垂直度、直线度和表面粗糙度要求 　（2）加工两端面，保证 85±0.1mm 尺寸精度，达到图纸上的平面度、平行度、垂直度、直线度和表面粗糙度要求 　（3）划斜面线，锯去余量，然后锉削加工，保证 3mm、55 mm 尺寸精度，达到图纸上的平面度、平行度、垂直度、直线度和表面粗糙度要求 　2. 加工夹板 2 　（1）锉削加工尺寸 15mm 的两个平面中的一个，达到图纸上的平面度、平行度、垂直度、直线度和表面粗糙度要求。然后以此面为基准面划 15mm 的线，锯去余量，再锉削加工，保证 15±0.05mm 尺寸精度，达到图纸上的平面度、平行度、垂直度、直线度和表面粗糙度要求						

续表

组别		组员		组长	
制订加工工艺	（2）加工两端面，保证 85±0.1mm 尺寸精度，达到图纸上的平面度、平行度、垂直度、直线度和表面粗糙度要求 （3）划斜面线，锯去余量，然后锉削加工，保证 3mm、55mm 尺寸精度，达到图纸上的平面度、平行度、垂直度、直线度和表面粗糙度要求 　　3. 夹板 1 和夹板 2 根据孔的尺寸分别划线，然后将两者合在一起用 C 形夹夹牢，根据图纸尺寸钻 ϕ5mm 的孔，保证两孔间距 34.5mm 尺寸精度；夹板 1 扩孔至 ϕ6.5mm 并锪孔深 3mm，另一孔攻 M6 螺纹；夹板 2 攻 M6 螺纹并将另一孔扩孔至 ϕ6.5mm 　　4. 最后整修工件，检测合格后上交验收				
备注					

二、制订小组工作计划

_____

_____

_____

_____

_____

_____

_____

_____

三、制订工作中的安全防护措施

_____

_____

_____

_____

_____

_____

_____

学习活动 4　制作过程

学习目标

（1）能熟练地进行划线、锯削、锉削及孔加工，具有控制尺寸精度的能力。

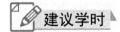
（2）能正确使用量具。

（3）能对加工好的工件进行淬火热处理。

（4）能与人沟通及合作，能严格遵守有关规范及安全要求，形成良好的职业素养。

建议学时

20 学时

学习准备

（1）学习用具、工作页、多媒体及网络设备。

（2）教材：《机械制图》《金属材料与热处理》《钳工工艺学》《钳工技能训练》等。

（3）参考资料：《钳工手册》《机械设计手册》等。

（4）工、量、刃具：手锤、扁錾、锯弓、锯条、钢直尺、锉刀、游标卡尺、千分尺、万能角度尺、90°角尺（刀口角尺）、高度游标卡尺、钻头、丝锥、铰手、平板和 V 形架。

（5）设备：台虎钳、砂轮机和钻床。

（6）备料：45 钢，规格 90mm×16mm×16mm（两块）；M6×50mm 内六角螺钉（两个，外购）。

（7）其他辅助工具：C 形夹。

学习过程

☺ 技能要点提示：

（1）为了保证夹板 1 和夹板 2 上孔的一致性，应将两块夹板合在一起钻孔。

（2）M6 丝锥较小，容易折断，攻螺纹时要加机油润滑，并经常倒转 1/4～1/2 圈，以免丝锥被卡住而折断。

（3）锯削两夹板的斜面时，起锯要正确，否则容易产生废品或刮伤已加工好的表面。

一、引导问题

（1）夹板 1 上的两个孔和夹板 2 上的两个孔应如何加工？

_____

_____

_____

_____

（2）简述锪孔方法。

_____

_____

_____

_____

（3）攻螺纹时要注意什么？

_____

_____

_____

_____

（4）如何进行斜面锯削？锯缝歪斜的原因是什么？

_____

_____

_____

_____

_____

（5）如何选择锉刀进行锉削加工？锉削加工时，尺寸精度控制不好的原因是什么？

_____

_____

_____

_____

_____

二、制作

学生在规定时间内完成加工作业。

三、善后工作

学生按照 6S 要求整理实训设备及场地，填写日志，值日生做好值日工作。

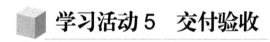

学习活动 5　交付验收

学习目标

（1）能熟练地检测工件，判断工件是否合格。
（2）能熟练地按照工件评分标准进行评分。

 建议学时

2 学时

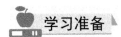 学习准备

（1）学习用具、工作页、多媒体及网络设备。

（2）教材：《机械制图》《金属材料与热处理》《钳工工艺学》《钳工技能训练》等。

（3）参考资料：《钳工手册》《机械设计手册》等。

 学习过程

完成工件制作后，根据给出的标准对工件进行评分，并填写表 13-5。

表 13-5　工件评分表

序号	考核要求	配　分	评分标准	互评得分	教师评分
1	15±0.05mm（2 处）	10×2	超差全扣		
2	85±0.1mm（2 处）	10×2	超差全扣		
3	34.5±0.1mm（2 处）	10×2	超差全扣		
4	M6（2 处）	10×2	烂牙、乱牙全扣		
5	R7.5mm（2 处）	10×2	超差全扣		
6	安全文明生产		违者酌情扣 1～5 分		
7	合计				

学习活动 6　成果展示、评价与总结

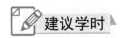 学习目标

（1）小组成员能熟练地收集资料并进行作品展示。

（2）能对自己及别人的工作进行客观的评价。

（3）能对自己的工作进行总结。

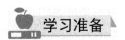 建议学时

6 学时

 学习准备

（1）学习用具、工作页、多媒体及网络设备。

（2）教材：《机械制图》《金属材料与热处理》《钳工工艺学》《钳工技能训练》等。

（3）参考资料：《钳工手册》《机械设计手册》等。

学习过程

一、成果展示

1．展示前的准备工作

小组成员收集资料，制作 PPT 或展板。

2．展示过程

各小组派代表将制作好的平行夹拿出来展示，并由讲解人员做必要的介绍。在展示的过程中，以组为单位进行评价。评价完成后，归纳并总结其他组成员的意见。

二、评价

1．评价标准

学习过程评价表见表 13-6。

表 13-6　学习过程评价表

班级			姓名		学号		配分	自评分	互评分	教师评分
课堂	1．课堂上回答问题 2．完成引导问题						2×6			
平时表现评价	1．实训期间出勤情况 2．遵守实训纪律情况 3．每天的实训任务完成质量 4．实训岗位卫生情况						4×2			
综合专业技能水平	基本知识	1．熟悉机械工艺基础知识，掌握工件加工工艺流程 2．识图能力强，掌握公差与配合的概念和术语，懂得相关专业知识 3.掌握量具的结构、刻线原理及读数方法 4.了解钳工常用工具的种类和用途					4×3			
	操作技能	1．操作过程中动作、姿势正确 2．能按标准评出工件实际分数 3．熟悉质量分析，善于理论结合实际，提高自己的综合实践能力 4．动手能力强，掌握钳工专业各项操作技能，基本功扎实 5．熟悉加工工艺流程选择、工艺路线优化，能控制加工精度					5×5			
	工具使用	1．正确使用工、量、刃具 2．工、量、刃具摆放整齐，做好保管及维护工作					2×4			
	设备使用	1．熟练操作钳工实训设备 2.严格遵守机床操作规程和各工种安全操作规章制度，维护并保养好实训设备					2×3			

班级		姓名		学号		配分	自评分	互评分	教师评分
情感态度评价	1. 师生互动，团队合作 2. 有良好的劳动习惯，注重提高自己的动手能力 3. 积极与组员交流、合作 4. 动手操作的兴趣、态度、积极性					4×4			
资源使用	节约实训用品，合理使用材料					3			
安全文明生产	1. 遵守实训纪律，听从指导教师指挥 2. 掌握消防安全知识 3. 严格遵守安全操作规程、实训中心的规章制度 4. 发生重大事故者，取消实训资格，并且实训成绩为零分 5. 遵守 6S 管理要求					5×2			
合计									

2. 总评分

学生成绩总评表见表 13-7。

表 13-7　学生成绩总评表

序号	评分内容		成绩	百分比	得分
1	检测工件分（教师）			30%	
2	学习过程评价	学生自评分		20%	
		学生互评分		20%	
		教师评分		30%	
合计					

三、总结

（1）到目前为止，你最大的收获是什么？

_____

_____

_____

_____

_____

_____

_____

（2）填写学习情况反馈表，见表 13-8。

表 13-8　学习情况反馈表

序号	评 价 项 目	学习任务的完成情况
1	工作页的填写情况	
2	独立完成的任务	
3	小组合作完成的任务	
4	教师指导下完成的任务	
5	是否达到了学习目标	
6	存在的问题及建议	

学习拓展

1．公制长度单位

1 米（m）=10 分米（dm）　　　　1 分米（dm）=10 厘米（cm）

1 厘米（cm）=10 毫米（mm）　　　1 毫米（mm）=10 丝米（dmm）

1 丝米（dmm）=10 忽米（cmm）　　1 忽米（cmm）=10 微米（μm）

1 毫米（mm）=1000 微米（μm）

在机械制造中常以毫米（mm）作为基本单位。工件图纸上采用毫米（mm）作为单位的尺寸，按规定可不标注单位。

2．英制长度单位

1 英尺=12 英寸　　　　　　　　　1 英寸=8 英分

1 英分=125 英丝　　　　　　　　　1 英寸=1000 英丝

英制长度单位以英寸作为基本单位。

3．公制与英制长度单位的换算

1 英寸=25.4 毫米

1 英尺=304.8 毫米

学习任务十四　V形架的制作

学习目标

完成本学习任务后，应当具备以下能力。

（1）能读懂零件图及加工工艺。

（2）能进行较大平面的锉削加工。

（3）掌握平面刮削工艺及操作方法。

（4）掌握刮削平面的形位精度检测方法。

（5）会用三角函数计算V形槽高度。

（6）能说出常用铸铁的特性、牌号和分类。

（7）会使用量块及正弦规测量角度。

建议学时

48 学时

工作流程与活动

（1）接受工作任务，明确工作要求。

（2）工作准备。

（3）制订工作计划。

（4）制作过程。

（5）交付验收。

（6）成果展示、评价与总结。

学习任务描述

机修钳工测量工件时，常用V形架作为辅助工具，有时对其尺寸精度和形位精度要求较高。请根据给出的尺寸，加工图 14-1 所示的V形架。

图 14-1　V形架

学习活动1　接受工作任务，明确工作要求

（1）能读懂零件图样，明确工作任务要求。

（2）会填写派工单并进行材料成本计算。

2学时

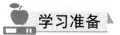

（1）学习用具、工作页、多媒体及网络设备。

（2）教材：《机械制图》《金属材料与热处理》《钳工工艺学》《钳工技能训练》等。

（3）参考资料：《钳工手册》《机械设计手册》等。

学习过程

一、产品图样

本任务要求加工一个V形架，其零件图如图14-2所示。

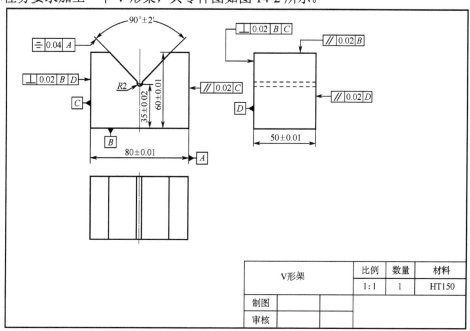

图14-2　V形架零件图

二、填写派工单

填写 V 形架生产派工单，见表 14-1。

表 14-1　V 形架生产派工单

生 产 派 工 单			
单号：_____　　开单部门：_____　　开单人：_____			
开单时间：_____年___月___日　　接单人：_____（签名）			
以下由开单人填写			
工作内容	按图纸尺寸制作 V 形架	总工时	10h
产品技术要求	1. 对所有平面刮削加工，25mm×25mm 方框内不少于 25 点 2. 工件棱边倒钝		
以下由接单人和确认方填写			
领取材料		成本 核算	金额合计： 仓管员（签名） 年 月 日
操作者 检测		（签名） 年　月　日	

三、任务要求

（1）填写派工单，领取材料和工具，检测毛坯材料。

（2）读懂图样并手工绘制工件图。

（3）4～6 人为一小组进行讨论，制订小组工作计划并填写加工工艺流程表，在规定的时间内完成加工作业。

（4）以最经济、安全、环保及保证加工质量的方式确定加工过程，并按照技术标准实施。在整个生产作业过程中要遵守 6S 管理要求。

（5）在作业过程中实施过程检验，工件加工完毕且检验合格后交付使用，并填写工件评分表。

（6）在工作过程中学习相关的理论知识，并完成相应的作业。

（7）对已完成的工作进行记录及存档。认真完成自评与互评工作，以及作品展示和总结反馈工作。

学习活动 2 工作准备

 学习目标

（1）能手工测绘零件图。

（2）有一定的金属材料知识，能查阅相关资料，并说出零件图中材料牌号的含义。

（3）能说出钳工手工制作 V 形架时如何保证其加工精度。

（4）能说出刮削工艺要领。

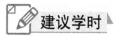 建议学时

6 学时

学习准备

（1）学习用具、工作页、多媒体及网络设备。

（2）教材：《机械制图》《金属材料与热处理》《钳工工艺学》《钳工技能训练》等。

（3）参考资料：《钳工手册》《机械设计手册》等。

（4）工、量、刃具：锯弓、锯条、锉刀、刮刀、显示剂、油石、钢直尺、划针、平板、高度尺、正弦规、量块、杠杆百分表、磁力表座等。

（5）备料：HT150 铸铁，规格 $80_{\ 0}^{+0.1}$ mm×$50_{\ 0}^{+0.1}$ mm×$60_{\ 0}^{+0.1}$ mm。

学习过程

一、手工测绘草图

在下方空白处手工绘制 V 形架的草图。

二、手工绘制零件图

请在标准图纸上手工绘制 V 形架的零件图。

三、选择工作过程中所需的工、量、刃具

在表 14-2 中填写工作过程中所需的工、量、刃具。

表 14-2　工作过程中所需的工、量、刃具

工　具	
量　具	
刃　具	

四、引导问题

1. V 形架的作用

_____

_____

_____

2. 铸铁

（1）铸铁的分类。

根据铸铁在结晶过程中的石墨化程度不同进行分类：_____、

_____、_____。

根据铸铁中石墨形态的不同进行分类：_____、_____、

_____、_____。

（2）铸铁的牌号。

HT100 的含义：_____

KTH300-06 的含义：_____

QT400-18 的含义：_____

 学习活动3　制订工作计划

学习目标

（1）小组讨论制订加工工艺。

（2）小组讨论加工过程中可能出现的失误。

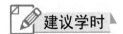

✏️ **建议学时**

4 学时

🍎 **学习准备**

（1）学习用具、工作页、多媒体及网络设备。

（2）教材：《机械制图》《金属材料与热处理》《钳工工艺学》《钳工技能训练》等。

（3）参考资料：《钳工手册》《机械设计手册》等。

🔧 **学习过程**

☺ **操作过程指引提示：**

（1）刮削一个平面时，要按照粗刮、细刮、精刮的顺序进行。粗刮之前，先在砂轮机上刃磨粗刮刀，再在油石上精磨，然后进行粗刮，研点数达到 25mm×25mm 方框内 2～3 点时，即可转入细刮。细刮前，先刃磨细刮刀，然后进行细刮，当研点数达到 25mm×25mm 方框内 12～15 点时，细刮结束。精刮之前，先刃磨精刮刀，然后进行精刮，当研点数达到 25mm×25mm 方框内 20 点以上时，结束精刮。

（2）红丹粉要用机油调和，粗刮时调稀些，涂层厚些；精刮时调稠些，涂层薄些。

（3）用标准平板做推研显点时，平板应放置平稳，并擦干净表面。工件表面涂色，平板不用涂色。推研时用力要均匀，做直线或回转运动，根据情况选择移动距离。

一、制订加工工艺

制订加工工艺并填写表 14-3。

表 14-3　加工工艺流程表

组别		组员		组长	
产品分析					
制订加工工艺	1. 锉削加工 V 形架底部基准面 *B*，保证平面度误差不大于 0.05mm				
	2. 以基准面 *B* 为基准，锉削加工基准面 *C* 和基准面 *D*，各面平面度误差均不大于 0.05mm；三个基准面互相垂直，垂直度误差均不大于 0.05mm				
	3. 以基准面 *B* 为基准，锉削加工其对面平行面，控制好尺寸，留有 0.05mm 的刮削余量				
	4. 以基准面 *C* 为基准，锉削加工其对面平行面，控制好尺寸，留有 0.05mm 的刮削余量				
	5. 以基准面 *D* 为基准，锉削加工其对面平行面，控制好尺寸，留有 0.05mm 的刮削余量				
	6. 划线。划出 V 形槽加工界线				
	7. 钻 ϕ4mm 的 V 形槽工艺孔				
	8. 依据 V 形槽划线，锯削去除 V 形槽余料				

组别	组员		组长	
制订加工工艺	9. 锉削加工V形槽。为保证其形位精度，采用正弦规和量块测量法。测量时，把正弦规和量块放在平板上，把正弦规垫在量块（量块高度尺寸根据选用的正弦规而定）上，使正弦规基准面与平板形成45°夹角，计算好V形面到平板的高度尺寸，用等高对比测量法测量。锉削加工好两个V形面，保证形位精度，并留有0.05mm的刮削余量 10. 用平口钳夹紧V形架，刮削加工基准面B，保证刮削面25mm×25mm方框内不少于25点 11. 以刮削好的B面为基准，刮削基准面C和D，三个平面互相垂直，垂直度误差不大于0.02mm，刮削面25mm×25mm方框内不少于25点 12. 以B面为基准，刮削加工其对面，保证尺寸精度60±0.01mm，刮削面25mm×25mm方框内不少于25点 13. 以C面为基准，刮削加工其对面，保证尺寸精度80±0.01mm，刮削面25mm×25mm方框内不少于25点 14. 以D面为基准，刮削加工其对面，保证尺寸精度50±0.01mm，刮削面25mm×25mm方框内不少于25点 15. 刮削V形面。为保证其形位精度，同样采用正弦规和量块测量法。保证V形槽高度尺寸35±0.02mm。此测量法间接保证V形槽的形位精度、V形槽高度尺寸和V形槽90°夹角，V形面25mm×25mm方框内不少于25点			
备注				

二、制订小组工作计划

_____

_____

_____

_____

_____

_____

_____

三、引导问题

（1）锉削大平面时应注意哪些事项？

_____

_____

_____

（2）什么是粗刮、细刮和精刮？

_____

_____

_____

（3）如何刃磨粗刮刀、细刮刀和精刮刀？

_____

_____

_____

_____

_____

学习活动 4　制作过程

 **学习目标**

（1）能熟练地进行划线、锯削及锉削加工。
（2）掌握刮削的操作要领。
（3）掌握杠杆百分表、量块组合的等高对比测量法。
（4）掌握用正弦规测量倾斜平面的方法。

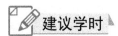 **建议学时**

28 学时

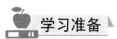 **学习准备**

（1）学习用具、工作页、多媒体及网络设备。
（2）教材：《机械制图》《金属材料与热处理》《钳工工艺学》《钳工技能训练》等。
（3）参考资料：《钳工手册》《机械设计手册》等。
（4）工、量、刃具：锯弓、锯条、锉刀、刮刀、显示剂、油石、钢直尺、划针、平板、高度尺、正弦规、量块、杠杆百分表、磁力表座等。
（5）备料：HT150 铸铁，规格 $80_{0}^{+0.1}$ mm×$50_{0}^{+0.1}$ mm×$60_{0}^{+0.1}$ mm。

学习过程

☺ 技能要点提示：

测量 V 形架的垂直度时，首先要保证基准面的平面度，为避免不同基准产生的累积误差，基准应尽可能统一，然后用 0 级以上精度的刀口直角尺测量垂直度；平行度则采用量块与百分表组合进行等高对比测量，测量的基准平板也应达到 0 级以上精度。V 形面则在与基准平板成 45°夹角的正弦规上测量，采用量块与百分表组合进行等高对比测量，通过此测量方法保证 V 形面的对称度，并间接保证 V 形槽 90°角的精度。

一、引导问题

（1）形位精度包含哪几项？

_____

_____

（2）刮削有几种操作方法？

_____

_____

（3）平面刮削的操作要领有哪些？

_____

_____

（4）简述显示剂的种类与用法。

_____

_____

二、制作

要求在规定时间内完成 V 形架的制作。

三、善后工作

要求按照 6S 要求对实训场地、实训设备进行整理及清扫，并做好考核评分。

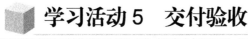

学习活动 5　交付验收

 学习目标

（1）能熟练检测产品的尺寸精度及形位精度，判断产品是否合格。

（2）能依据评分标准进行评分。

建议学时

2 学时

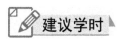 学习准备

（1）学习用具、工作页、多媒体及网络设备。

（2）教材：《机械制图》《金属材料与热处理》《钳工工艺学》《钳工技能训练》等。

（3）参考资料：《钳工手册》《机械设计手册》等。

学习过程

完成工件制作后，根据评分标准进行评分，填写表 14-4。

表 14-4　工件评分表

序号	考 核 要 求	配 分	评 定 标 准	互 评 得 分	教 师 评 分
1	35±0.02mm	4	超差不得分		
2	80±0.01mm	4	超差不得分		
3	60±0.01mm	4	超差不得分		
4	50±0.01mm	4	超差不得分		
5	90° ±2′	4	超差不得分		
6	= 0.04 A	4	超差不得分		
7	// 0.02 B　// 0.02 D　// 0.02 C （3 处）	3×6	超差不得分		
8	⊥ 0.02 B D　⊥ 0.02 B C （4 处）	4×3	超差不得分		
9	25mm×25mm 方框内不少于 25 点（9 处）	9×4	降低一级全扣		
10	安全文明生产	10	违者每次扣 5 分，扣完为止		
11	合计				

学习活动6　成果展示、评价与总结

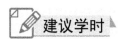**学习目标**

（1）能收集资料并进行作品展示。
（2）能对自己及别人的工作进行客观的评价。
（3）能对自己的工作进行总结

建议学时

6 学时

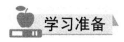**学习准备**

（1）学习用具、工作页、多媒体及网络设备。
（2）教材：《机械制图》《金属材料与热处理》《钳工工艺学》《钳工技能训练》等。
（3）参考资料：《钳工手册》《机械设计手册》等。

学习过程

一、成果展示

1. 准备工作

小组成员收集资料，准备展示演讲稿及作品等。

2. 展示过程

各小组派代表将制作好的 V 形架拿出来展示，并由讲解人员做必要的介绍。在展示的过程中，以组为单位进行评价。评价完成后，归纳并总结其他组成员的意见。

二、评价

1. 评价标准

本任务的学习过程评价表见表 14-5。

表 14-5　学习过程评价表

班级		姓名		学号		配分	自评分	互评分	教师评分
课堂	1. 课堂上回答问题 2. 完成引导问题					2×6			
平时表现评价	1. 实训期间出勤情况 2. 遵守实训纪律情况 3. 每天的实训任务完成质量 4. 实训岗位卫生情况					4×2			
综合专业技能水平	基本知识	1. 熟悉机械工艺基础知识，掌握工件加工工艺流程 2. 识图能力强，掌握公差与配合的概念和术语，懂得相关专业知识 3. 掌握量具的结构、刻线原理及读数方法 4. 了解钳工常用工具的种类和用途				4×3			
	操作技能	1. 操作过程中动作、姿势正确 2. 按相关标准评出工件实际分数 3. 熟悉质量分析，善于理论结合实际，提高自己的综合实践能力 4. 动手能力强，掌握钳工专业各项操作技能，基本功扎实 5. 熟悉加工工艺流程选择、工艺路线优化，能控制加工精度				5×5			
	工具使用	1. 正确使用工、量、刃具 2. 工、量、刃具摆放整齐，做好保管及维护工作				2×4			
	设备使用	1. 熟练操作钳工实训设备 2. 严格遵守机床操作规程和各工种安全操作规章制度，维护并保养好实训设备				2×3			

续表

班级		姓名		学号		配分	自评分	互评分	教师评分
情感态度评价	1. 师生互动，团队合作 2. 有良好的劳动习惯，注重提高自己的动手能力 3. 积极与组员交流、合作 4. 动手操作的兴趣、态度、积极性					4×4			
资源使用	节约实训用品、合理使用材料					3			
安全文明生产	1. 遵守实训纪律，听从指导教师指挥 2. 掌握消防安全知识 3. 严格遵守安全操作规程和实训中心的规章制度 4. 发生重大事故者，取消实训资格，并且实训成绩为零分 5. 遵守 6S 管理要求					5×2			
合计									

2. 总评分

进行总评，并填写学生成绩总评表，见表 14-6。

表 14-6　学生成绩总评表

序号	评分内容		成　绩	百　分　比	得　分
1	检测工件分（教师）			30%	
2	学习过程评价	学生自评分		20%	
		学生互评分		20%	
		教师评分		30%	
合计					

三、总结

（1）在本学习任务中你最大的收获是什么？

_____

_____

_____

（2）工作中遇到了什么难题？你是如何解决的？

_____

_____

_____

（3）你从本学习任务中获得了什么经验？

（4）填写学习情况反馈表，见表14-7。

表14-7　学习情况反馈表

序号	评 价 项 目	学习任务的完成情况
1	工作页的填写情况	
2	独立完成的任务	
3	小组合作完成的任务	
4	在教师指导下完成的任务	
5	是否达到了学习目标	
6	存在的问题及建议	

学习拓展

介绍正多边形的边长、外接圆半径、内切圆半径之间的关系。

1. **正三角形（见图14-3）**

$$S=1.732R=3.4641r$$
$$R=0.5774S=2r$$
$$r=0.2887S=0.5R$$

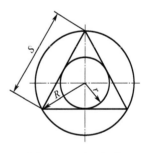

式中，S——正三角形边长；

　　　R——外接圆半径；

　　　r——内切圆半径。

图14-3　正三角形

2. **正方形（见图14-4）**

$$S=1.4142R=2r$$
$$R=0.7071S=1.4142r$$
$$r=0.5S=0.7071R$$

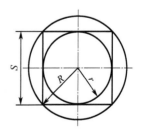

式中，S——正方形边长；

　　　R——外接圆半径；

　　　r——内切圆半径。

图14-4　正方形

3．正五边形（见图14-5）

$$S=1.1765R=1.4531r$$
$$R=0.8506S=1.2361r$$
$$r=0.6882S=0.809R$$

式中，S——正五边形边长；

　　　R——外接圆半径；

　　　r——内切圆半径。

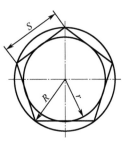

图 14-5　正五边形

4．正六边形（见图14-6）

$$S=R=1.1547r$$
$$R=S=1.1547r$$
$$r=0.866S=0.866R$$

式中，S——正六边形边长；

　　　R——外接圆半径；

　　　r——内切圆半径。

5．正 n 边形

$$S=2R\sin\frac{\alpha}{2}$$
$$r=R\cos\frac{\alpha}{2}$$
$$\alpha=360°/n$$

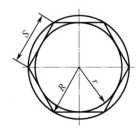

图 14-6　正六边形

式中，S——正 n 边形边长；

　　　R——外接圆半径；

　　　r——内切圆半径；

　　　α——每一边长所对的圆心角。

参考文献

[1] 赵志群. 职业教育工学结合一体化课程开发指南[M]. 北京：清华大学出版社，2009.

[2] 姜波. 钳工工艺学（第4版）[M]. 北京：中国劳动社会保障出版社，2005.

[3] 谢增明. 钳工技能训练[M]. 第4版. 北京：中国劳动社会保障出版社，2005.

[4] 侯文祥，逯萍. 钳工基本技能训练[M]. 北京：机械工业出版社，2008.

[5] 陈雷. 钳工项目式应用教程[M]. 北京：清华大学出版社，2009.

[6] 人力资源和社会保障部教材办公室. 机械制图[M]. 第6版. 北京：中国劳动社会保障出版社，2011.

[7] 人力资源和社会保障部教材办公室. 金属材料与热处理[M]. 第6版. 北京：中国劳动社会保障出版社，2011.

[8] 人力资源和社会保障部教材办公室. 机械基础[M]. 第5版. 北京：中国劳动社会保障出版社，2011.

[9] 杨国勇. 机械非标零部件手工制作[M]. 北京：机械工业出版社，2013.

反侵权盗版声明

电子工业出版社依法对本作品享有专有出版权。任何未经权利人书面许可，复制、销售或通过信息网络传播本作品的行为，歪曲、篡改、剽窃本作品的行为，均违反《中华人民共和国著作权法》，其行为人应承担相应的民事责任和行政责任，构成犯罪的，将被依法追究刑事责任。

为了维护市场秩序，保护权利人的合法权益，我社将依法查处和打击侵权盗版的单位和个人。欢迎社会各界人士积极举报侵权盗版行为，本社将奖励举报有功人员，并保证举报人的信息不被泄露。

举报电话：（010）88254396；（010）88258888

传　　真：（010）88254397

E-mail：　dbqq@phei.com.cn

通信地址：北京市海淀区万寿路 173 信箱
　　　　　电子工业出版社总编办公室

邮　　编：100036